高等职业教育土建类专业规划教材

建筑工程测量
Jianzhu Gongcheng Celiang

王玉香 主编
黄颖 纪凯 副主编
黄声享[武汉大学]
杨晓平[湖北城市建设职业技术学院] 主审

人民交通出版社

内 容 提 要

本书按高等职业院校建筑施工类专业测量课程教学基本要求进行编写。全书共七章三大部分，即基础知识部分(第一章至第二章)、建筑施工测量部分(第三章至第六章)、线路工程测量部分(第七章)。本书按照构建测量知识体系，掌握测量基本原理、基本方法、基本操作技能，然后进行施工过程测量程序编写，拓展了线路工程测量。本书内容由浅入深，循序渐进。

本书可作为高职土建类专业的教材，也可供其他相关专业的工程技术人员参考使用。

图书在版编目(CIP)数据

建筑工程测量/王玉香主编.--北京：人民交通出版社，2013.8
高等职业教育土建类专业规划教材
ISBN 978-7-114-10741-2

Ⅰ.①建… Ⅱ.①王… Ⅲ.①建筑测量-高等职业教育-教材 Ⅳ.①TU198

中国版本图书馆 CIP 数据核字(2013)第 142662 号

高等职业教育土建类专业规划教材

书　　名：	建筑工程测量
著 作 者：	王玉香
责任编辑：	丁润铎　闫吉维
出版发行：	人民交通出版社
地　　址：	(100011) 北京市朝阳区安定门外外馆斜街 3 号
网　　址：	http://www.ccpress.com.cn
销售电话：	(010) 59757973
总 经 销：	人民交通出版社发行部
经　　销：	各地新华书店
印　　刷：	北京市密东印刷有限公司
开　　本：	787×1092　1/16
印　　张：	11.75
字　　数：	307 千
版　　次：	2013 年 8 月　第 1 版
印　　次：	2019 年 11 月　第 5 次印刷
书　　号：	ISBN 978-7-114-10741-2
定　　价：	35.00 元

(有印刷、装订质量问题的图书由本社负责调换)

高等职业教育土建类专业规划教材编审委员会

主 任 委 员： 张玉杰(贵州交通职业技术学院)
副主任委员： 刘孟良(湖南交通职业技术学院)
　　　　　　　陈晓明(江西交通职业技术学院)
　　　　　　　易　操(湖北城市建设职业技术学院)
委　　　员： 王常才(安徽交通职业技术学院)
　　　　　　　徐炬平(安徽交通职业技术学院)
　　　　　　　曹孝柏(湖南城建职业技术学院)
　　　　　　　汪迎红(贵州交通职业技术学院)
　　　　　　　张　鹏(陕西交通职业技术学院)
　　　　　　　丰培洁(陕西交通职业技术学院)
　　　　　　　赵忠兰(云南交通职业技术学院)
　　　　　　　田　文(湖北交通职业技术学院)
　　　　　　　李中秋(河北交通职业技术学院)
　　　　　　　张颂娟(辽宁省交通高等专科学校)
　　　　　　　刘凤翰(南京交通职业技术学院)
　　　　　　　王穗平(河南交通职业技术学院)
　　　　　　　杨甲奇(四川交通职业技术学院)
　　　　　　　曹雪梅(四川交通职业技术学院)
　　　　　　　霍轶珍(河套大学)
　　　　　　　王　颖(黑龙江工程学院)
　　　　　　　沈健康(江苏建筑职业技术学院)
　　　　　　　董春晖(山东交通职业学院)
　　　　　　　裴俊华(甘肃林业职业技术学院)
　　　　　　　高　杰(福建船政交通职业学院)
　　　　　　　莫延英(青海交通职业技术学院)
　　　　　　　敬麒麟(新疆交通职业技术学院)
　　　　　　　李　轮(新疆交通职业技术学院)
秘　　　书： 丁润铎(人民交通出版社)

前　言

本书按高等职业院校建筑施工类专业测量课程教学基本要求进行编写。根据高等职业教育理论与实践并重，注重实际操作，结合高职学生现有知识、能力、素质状况，按照建筑工程施工过程，有针对性地选取教学内容，知识结构由简单到复杂，系统性强，符合学生的认知规律和职业成长规律。本书重点介绍了建筑工程中的测量方法、测量部位和测量程序，具有较强的针对性和实用性。

全书内容包括七章，第一章至第二章，主要介绍了测量的基本知识；角度、距离和高程测量的基本原理和方法；测量仪器的使用和测量的基本计算；测量误差的基本知识；地形图的基本知识与应用。第三章至第六章，主要介绍了建筑施工控制网的施测过程；建筑施工测量的方法及施测程序；建筑物的变形观测；第七章介绍了线路工程测量，主要包括道路工程、管道工程、桥梁工程的施工测量过程。每章后附本章小结、思考题与习题。

本书由湖北城市建设职业技术学院王玉香担任主编，黄颖、纪凯任副主编，陈伟、熊娜、刘良福、罗显圣等参与了本书的编写。具体编写分工如下：第一章、第六章、第二章(七节)由王玉香编写，并负责全书的统稿定稿工作；第二章(一~四节)由湖北城市建设职业技术学院熊娜编写；第二章(五~六节)由贵州交通职业技术学院罗显圣编写；第三章由广东省水利电力勘测设计研究院刘良福编写；第四章由武汉科技大学陈伟编写；第五章由福建船政交通职业学院黄颖编写；第七章由安徽交通职业技术学院纪凯编写。武汉大学黄声享教授、湖北城市建设职业技术学院杨晓平副教授担任本书主审，他们严谨、细致、认真地对全书进行审阅，并提出了许多宝贵的意见，在此表示衷心的感谢。

在本书的编写过程中，参阅了大量的文献资料，在此谨向有关作者表示衷心感谢！

由于编者水平有限，书中难免存在缺点和错误，恳请读者批评指正。

编　者
2013 年 5 月

目 录

第一章 绪论 ··· 1
- 第一节 建筑工程测量的任务与作用 ·· 1
- 第二节 地面点位的确定 ··· 2
- 第三节 测量工作的原则和程序 ·· 8
- 本章小结 ·· 10
- 思考题与习题 ·· 10

第二章 测量基本知识 ··· 12
- 第一节 水准测量 ·· 12
- 第二节 角度测量 ·· 24
- 第三节 距离测量 ·· 34
- 第四节 直线定向与坐标正反算 ·· 38
- 第五节 全站仪与GPS技术 ·· 41
- 第六节 测量误差的基本知识 ··· 52
- 第七节 地形图的基本知识 ·· 57
- 本章小结 ·· 70
- 思考题与习题 ·· 71

第三章 施工控制测量 ··· 74
- 第一节 施工控制测量概述 ·· 74
- 第二节 导线测量 ·· 77
- 第三节 交会定点测量 ·· 86
- 第四节 高程控制测量 ·· 91
- 本章小结 ·· 98
- 思考题与习题 ·· 98

第四章 施工测设的基本工作 ·· 100
- 第一节 施工测量概述 ·· 100
- 第二节 测设的基本工作 ··· 101
- 第三节 点的平面位置测设 ·· 105
- 第四节 测设方法的选择 ··· 108
- 本章小结 ·· 109
- 思考题与习题 ·· 109

第五章 建筑施工测量 ... 110
- 第一节 施工前的测量工作 ... 110
- 第二节 建筑物的定位与细部放线 ... 114
- 第三节 基础施工测量 ... 118
- 第四节 主体结构施工测量 ... 122
- 第五节 结构安装测量 ... 128
- 第六节 竣工总平面图的测绘 ... 133
- 本章小结 ... 134
- 思考题与习题 ... 135

第六章 建筑物变形观测 ... 136
- 第一节 建筑物变形观测概述 ... 136
- 第二节 建筑物变形观测工作施测 ... 137
- 第三节 建筑物变形观测成果资料 ... 143
- 本章小结 ... 145
- 思考题与习题 ... 146

第七章 线路工程测量 ... 147
- 第一节 道路工程施工测量 ... 147
- 第二节 管道工程施工测量 ... 160
- 第三节 桥梁工程施工测量 ... 164
- 本章小结 ... 179
- 思考题与习题 ... 179

参考文献 ... 180

第一章 绪 论

本章知识要点：

本章内容主要包括：测量学的概念及其主要任务、建筑工程测量的任务、地面点位的确定方法、测量的基本工作及测量工作的原则和程序。通过本章的学习，使学生了解地球的形状和大小，了解地球曲率对测量的影响；熟悉测量的基本概念，测量坐标系的建立方法；掌握确定地面点位的方法，测量的基本工作、基本原则。

第一节 建筑工程测量的任务与作用

一、测量学的任务

测量学是研究地球的形状和大小，确定地球表面各种自然和人工物体的形态及其变化，对各种地物和地貌的空间位置与属性等信息进行采集、处理、描绘和管理的一门科学技术。其主要任务有三个方面：一是研究确定地球的形状和大小，为地球科学提供必要的数据和资料；二是将地球表面的地物地貌测绘成图；三是将图纸上的设计成果测设至现场。

测量工作大致可分为测定和测设两个方面。测定又称测图，是指依据一定的理论和方法，使用测量仪器和工具，将地表或局部地区的地物地貌信息测绘成各种比例尺的地形图，以满足科学研究、工程勘察规划和设计的需要。测设又称放样，是使用测量仪器和工具，按照设计要求，采用一定的方法，将设计图纸上的建筑物、构筑物的空间位置在实地标定出来，作为施工的依据。

二、测量学的学科分类

测量学在其自身的发展中形成了特色各异的分支学科，具体分支学科如下：

1. **大地测量学**

大地测量学是研究地球的形状和大小，建立国家统一的坐标系统，解决大范围地区的控制测量和地球重力场问题，以满足测绘地形图、国防和工程建设需要的理论和方法的学科。它是整个测量学科的基础理论学科。

2. **地形测量学**

地形测量学又称普通测量学，是研究将地球表面局部地区的地物和地貌按一定比例尺测绘成大比例尺地形图的基本理论和方法的学科。

3. **摄影测量学**

摄影测量学是研究利用摄影或遥感技术获取地物和地貌的影像并进行分析处理，以绘制地形图或获得数字化信息的理论和方法的学科。

4. 海洋测量学

海洋测量学是研究地球表面水体及水下地貌表面的测绘理论和方法的学科。

5. 工程测量学

工程测量学是研究工程建设在设计、施工和运营管理阶段所进行的测量工作的基本理论和方法的学科，包括工程控制测量、土建施工测量、设备安装测量、竣工测量和工程变形观测等。

工程测量学是一门应用学科，按其研究对象可分为建筑工程测量、水利工程测量、线路工程测量、桥隧工程测量、地下工程测量、海洋工程测量、军事工程测量、三维工业测量，以及矿山测量、精密工程测量及城市建设测量等。

6. 地图制图学

地图制图学是研究各种地图的制作理论、原理、工艺技术和应用的一门学科，主要包括地图编制、地图投影学、地图整饰和印刷等。

三、建筑工程测量的任务

1. 在工程勘测、设计阶段

在工程勘测阶段为规划设计提供各种比例尺的地形图和测绘资料；在工程设计阶段，应用地形图进行总体规划设计。

2. 在工程施工阶段

在工程施工阶段，建立施工场地的施工控制网；建筑场地的平整测量；建(构)筑物的定位、放线测量；基础工程测量，主体工程测量，构件安装测量，施工质量的检验测量；竣工测量等。

3. 在工程施工及运营阶段

在施工和运营期间，对一些有特殊要求的建(构)筑物，需定期对其进行沉降、水平位移、倾斜、裂缝等变形观测，以确保建(构)筑物的安全性和稳定性。

四、建筑工程测量的作用

建筑工程测量服务于工程建设的每一个阶段，贯穿于工程建设的始终。测量工作常被称为工程建设的尖兵，这是由于任何工程在勘测、设计、施工、竣工及保养维修等阶段都离不开测量工作，都要以测量工作为先导，而且测量工作的精度和速度直接影响工程的质量和进度。因此，从事工程建设的人员都必须掌握测量的基本理论、基本知识和基本技能，以及常用测量仪器和工具的使用方法，具备施工测量能力，以适应工程建设的需要。

第二节　地面点位的确定

无论是地物、地貌，还是设计图纸上的建筑物、构筑物，都可看作各种几何性状，它们是由点、线、面组成的，点是最基本的元素。测量工作的实质就是确定地面点的空间位置，地面点的空间位置与地球的形状和大小有关，因此，必须了解地球形状和大小的基本概念。

一、地球的形状和大小

1. 大地水准面

测量工作是在地球表面进行的,而地球表面高低起伏,十分复杂。其中,最高的珠穆朗玛峰高达8 844.43m,最低的位于太平洋西部的马里亚纳海沟深达11 022m,这样的高低差距与地球的平均半径6 371km相比还是很小的。因为地球自然表面大部分是海洋,海洋约占地球表面的71%,陆地只占29%。因此可以把海水面所包围的地球形体看作地球的形状,设想一个静止的海水面,向陆地延伸而形成一个封闭的曲面,这个曲面称为水准面。水准面是受地球重力影响形成的重力等位面,是一个处处与重力方向垂直的连续曲面。通过任何高度位置的点都有一个水准面,因此水准面有无数个。其中,设想将自由静止的平均海水面向整个陆地延伸,用所形成的封闭曲面代替地球表面,这个曲面称为大地水准面。大地水准面所包含的形体称为大地体,它代表了地球的自然形状和大小。研究地球的形状和大小,就是研究大地水准面的形状和大地体的大小。

大地水准面是测量工作的基准面,铅垂线是测量工作的基准线。

2. 参考椭球体

由于地球引力的大小与地球内部的质量有关,而地球内部的质量密度分布又不均匀,引起局部重力异常,导致铅垂线方向产生不规则变化,使得大地体水准面实际上是一个略有起伏的不规则曲面,如图1-1a)所示,因此无法在这个复杂的曲面上进行测量数据的处理。

为了便于正确地计算出测量结果,准确表示地面点的位置,测量上选择一个大小和形状接近大地体的旋转椭球体代替大地体,而旋转椭球面是可以用数学公式准确表达的。

代表地球形状和大小的旋转椭球称为"地球椭球"。与大地水准面最接近的地球椭球称为总地球椭球;与某个区域如一个国家大地水准面最为密合的椭球称为参考椭球,其椭球面称为参考椭球面,如图1-1b)所示。

决定参考椭球面形状和大小的元素是:椭圆的长半轴a、短半轴b和扁率α等,如图1-1c)所示,其关系为:

$$\alpha = \frac{a-b}{a} \tag{1-1}$$

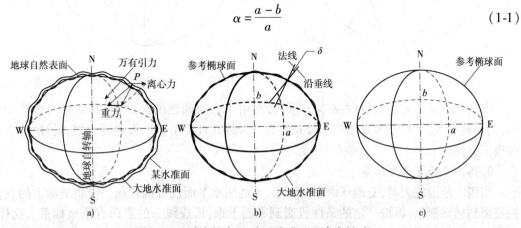

图1-1 地球自然表面、大地水准面和参考椭球面

目前我国采用的地球椭球体元素值为1975年"国际大地测量与地球物理联合会"(IUGG—75)通过并推荐的值:

$$a = 6\ 378\ 140\text{m}, b = 6\ 356\ 755\text{m}, \alpha = 1:298.257$$

由于参考椭球体的扁率很小,当测区面积不大时,可以近似地把地球当作圆球体,其半径 R 采用地球平均值,即 $R = \frac{1}{3}(a + a + b) = 6\ 371\text{km}$。

二、地面点位的确定方法

测量工作的实质是确定地面点的空间位置。地面点的空间位置都与一定的坐标系统相对应,可用其三维坐标或二维坐标表示,在不同的测量工作中需要采用不同的坐标系统。

1. 大地坐标系

大地坐标系是以参考椭球面为基准面,常用大地经度 L、大地纬度 B、大地高 H 表示地面点的空间位置。如图 1-2 所示,地面上任意点 P 的大地经度 L 是该点的子午面与首子午面所夹的两面角;P 点大地纬度 B 是过该点的法线与赤道面的夹角,P 点的大地高是 P 点沿法线方向到椭球体面的距离。我国版图处于东经 74°~135°,北纬 3°~54°间,如北京地区某点的地理坐标为东经 116°,北纬 40°。

地面点也可用空间直角坐标 (X, Y, Z) 来表示,如图 1-3 所示。以球心为坐标原点,ON 为 Z 轴方向,首子午线与赤道面交点与球心 O 的连线为 X 轴方向,过 O 点与 XOZ 面垂直,并与 X、Z 轴构成右手坐标系为 Y 轴方向,点 P 的空间坐标为 (X_P, Y_P, Z_P),它与大地坐标 (B, L, H) 之间可用公式转换。

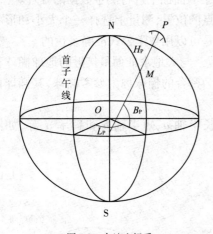
图 1-2 大地坐标系

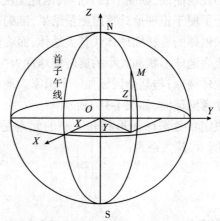
图 1-3 用空间直角坐标系表示的大地坐标系

大地坐标系是大地测量的基本坐标系,常用于大地问题的解算,研究地球的形状和大小,编制地图,航天和军事方面的定位及解算。若将其直接用于工程建设规划、设计、施工等则很不方便。

2. 高斯平面直角坐标系

当测区范围较大时,受地球曲率的影响,不能用水平面代替椭球面。应将地面上的点首先投影到椭球面上,再按一定的条件投影到平面上来,形成统一的平面直角坐标系。这样,可以得到可靠的测量结果。在我国,通常采用高斯投影的方法来解决这个问题。

高斯投影又称横轴椭圆柱等角投影,是德国测量学家高斯于 1825~1830 年首先提出的。实际上,直到 1912 年,由德国另一位测量学家克吕格推导出实用的坐标投影公式后,这种投影才得到推广,所以该投影又称高斯—克吕格投影。

想象有一椭圆柱面横套在地球椭球体外面,并与某一条子午线(称中央子午线或轴子午线)相切,椭圆柱的中心轴通过椭球体中心,然后用一定的投影方法将中央子午线两侧各一定经差范围内的地区投影到椭圆柱面上,再将此柱面展开即成为投影面。

在高斯投影面上,中央子午线和赤道的投影都是直线。以中央子午线和赤道的交点 O 作为坐标原点,以中央子午线的投影为纵坐标轴 X,规定 X 轴向北为正;以赤道的投影为横坐标轴 Y,规定 Y 轴向东为正,由此,便建立形成了高斯平面直角坐标(图1-4)。

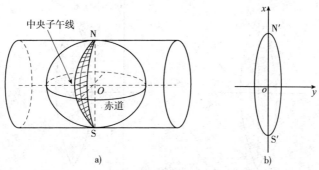

图1-4 高斯投影及高斯平面直角坐标系
a)高斯投影原理;b)高斯平面直角坐标系

高斯投影中,除中央子午线外,各点均存在长度变形,且距中央子午线越远,长度变形越大。为了控制长度变形,我国规定按经差6°和3°进行投影分带(图1-5),大比例尺测图和工程测量常采用3°带投影。特殊情况下,工程测量控制网也可用1.5°带或任意带投影。

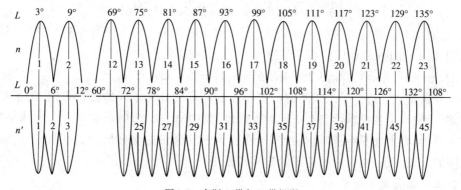

图1-5 高斯6°带与3°带投影

高斯投影6°带自0°子午线起每隔经差6°自西向东分带,依次编号1,2,3…,将整个地球划分成60个6°带,每带中间的子午线称为轴子午线或中央子午线,各带相邻子午线叫分界子午线。带号 N 与相应的中央子午线经度 L_0 的关系是:

$$L_0 = 6N - 3 \tag{1-2}$$

高斯投影3°带是在6°带的基础上分成的,自东经1.5°子午线起,每隔经差3°自西向东分带,依次编号1,2,3…120,将整个地球划分成120个3°带。它的中央子午线一部分同6°带中央子午线重合,一部分同6°带分界子午线重合,带号 N 与相应的中央子午线经度 L 的关系是:

$$L = 3N \tag{1-3}$$

我国幅员辽阔,含有11个6°带,即从13~23带(中央子午线从75~135),21个3°带,从

25~45 带。北京位于6°带的第20带,中央子午线经度为117°。

在我国 X 坐标均为正,Y 坐标的最大值(在赤道上)约为330km。为了使各带的横坐标 Y 不出现负值,规定将 X 坐标轴向西平移500km,即所有点的 Y 坐标值均加上500km(图1-6)。此外,为便于区别某点位于哪一个投影带内,还应在横坐标前冠以投影带号,这种坐标称为国家统一坐标。

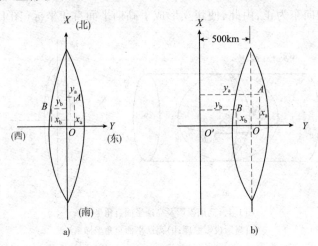

图1-6 高斯平面直角坐标系

例如:地面 A 点的坐标为 $X_A = 3\ 365\ 458.176\text{m}$,$Y_A = -195\ 482.539\text{m}$,假若该点位于第20带内,则地面 A 点的国家统一坐标值为:

$$X_A = 3\ 365\ 458.176\text{m}, Y_A = 20\ 304\ 517.461\text{m}$$

再如,地面 B 点的国家统一坐标为 $X_B = 3\ 287\ 468.518\text{m}$,$Y_B = 19\ 628\ 329.357\text{m}$,该点属6°带,位于第19带内,其相应中央子午线为111°,其投影带内的坐标为:

$$X_B = 3\ 287\ 468.518\text{m}, Y_B = 128\ 329.357\text{m}$$

由于分带造成了边界子午线两侧的控制点和地形图处于不同的投影带内,为了把各带连成整体,一般规定各投影带要有一定的重叠度,其中每一6°带向东加宽30′,向西加宽15′或7.5′。这样,在上述重叠范围内,控制点将有两套相邻带的坐标值,从而保证了边缘地区控制点间的互相应用,也保证了地图的拼接和使用。

3. 独立平面直角坐标系

在普通测量工作中,当测区范围较小时(小于以10km为半径的范围),可不考虑地球曲率的影响,将测区中部的水平面代替水准面作为确定地面点位置的基准,如图1-7a)所示。在该平面上建立平面直角坐标系,即地面点在水平面上的投影位置,可以用该平面的直角坐标系中的坐标 X、Y 来表示。这样选择建立的坐标系对测量工作的计算和绘图都较为简便。

测量上选用的平面直角坐标系,规定坐标纵轴为 X 轴,X 轴以向北为正;横坐标轴为 Y 轴,以向东为正。平面直角坐标系的原点,可按实际情况选定。如果坐标原点设在测区的西南角,则测区内所有点的坐标均为正值。测量学中的平面直角坐标系与数学中的笛卡尔坐标系有两点不同:一是坐标轴符号互换;二是象限编号的方向相反,如图1-7所示。这样选择直角坐标系可使数学中的解析公式不作任何变动地应用到测量计算中。

4. 高程系统

地面点的高程是指地面点到某一高程基准面的垂直距离。根据选择高程基准面的不同,有不同的高程系统。测量上常用的高程基准面有大地水准面和假定水准面,其相应的高程为绝对高程和相对高程。绝对高程是地面点沿铅垂线方向到大地水准面的距离,也称为海拔,简称高程;地面点到假定水准面的铅垂距离,称为该点的相对高程或假定高程。

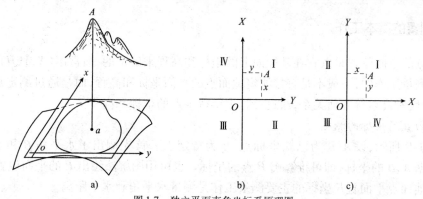

图 1-7　独立平面直角坐标系原理图
a)独立平面直角坐标系;b)测量坐标系;c)数学坐标系

目前,我国是以设在青岛观象山验潮站 1952～1979 年验潮资料计算确定的黄海平均海水面作为高程起算的基准面,该基准面称为"1985 国家高程基准"。此黄海平均海水面即为我国的大地水准面,其高程为零,水准原点设在青岛市观象山上,其高程为 72.260m。

如图 1-8 所示,地面点 A、B 的绝对高程分别表示为 H_A、H_B;A、B 点的相对高程分别表示为 H'_A、H'_B。

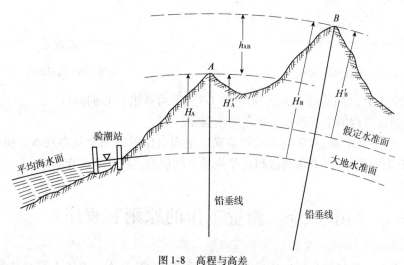

图 1-8　高程与高差

在建筑设计中,一般以建筑物的室内设计地坪为该工程地面点高程起算的基准面,记为(±0.000)。建筑物某部位的高程称为建筑高程,建筑高程属于相对高程。

地面上两点间的高程差称为高差,如图 1-8 所示,用 h_{AB} 表示 A、B 两点间的高差。

A 点至 B 点的高差为:

$$h_{AB} = H_B - H_A = H'_B - H'_A \tag{1-4}$$

而 B 点至 A 点的高差为:

$$h_{BA} = H_A - H_B = H'_A - H'_B \tag{1-5}$$

A 点至 B 点的高差与 B 点至 A 点的高差绝对值相等而符号相反,即:

$$h_{AB} = -h_{BA} \tag{1-6}$$

由此可见,高差有方向和正负之分;而且不论采用绝对高程还是相对高程,对于相同的两点其高差值不变,即高差的大小与高程起算面无关。

三、测量的基本工作

地面点的空间位置是以它在基准面上的坐标和高程来确定的,通常用(X,Y,H)来表示。但在实际测量工作中,一般不是直接测定地面点的平面坐标和高程,而是通过测定点间的水平距离、角度和高差等几何关系,通过计算求得待定点的坐标和高程。

1. 平面直角坐标的测定

如图 1-9 所示,设 A、B 为已知坐标点,P 为待定点。首先测出了水平角 β 和水平距离 D_{AP},再根据 A、B 的坐标,即可推算出 P 点的坐标。也可用图解法绘出 P 的平面位置。

测定地面点平面直角坐标的主要测量工作是测量水平角和水平距离。

2. 高程的测定

如图 1-10 所示,设 A 为已知高程点,P 为待定点,根据式(1-4)得:

$$H_P = H_A + h_{AP} \tag{1-7}$$

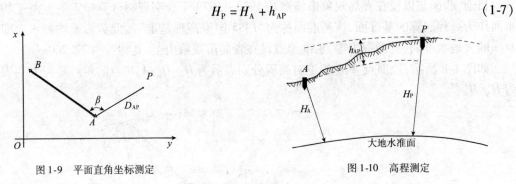

图 1-9 平面直角坐标测定　　　　图 1-10 高程测定

只要测出 A、P 之间的高差 h_{AP},利用式(1-7),即可算出 P 点的高程。

测定地面点高程的主要测量工作是测量高差。

由此可见,水平距离、水平角和高差是确定地面点位置的三个基本要素。所以,在测量工作中,水平距离测量、水平角测量和高差测量是测量的三项基本工作。

第三节　测量工作的原则和程序

测量的主要工作任务是测绘地形图和施工放样,测量时,在一个点上测量该测区的所有点是不可能的,在若干个点上分区观测,最后才能拼成一副完整的地形图或定位所有建(构)筑物。测量中不论采用何种方法,使用何种仪器,测量结果都会有误差。为防止此类误差的积累,提高测量精度,在测量工作中必须遵循"从整体到局部、先控制后碎部、由高级到低级"的原则。"从整体到局部"是指布局;"由控制到碎步"是指先后顺序;而"由高级到低级"则是从精度上说的;其各自的侧重点不同。

必须从工程建设的全局出发,进行总体布置。如图 1-11 所示,首先在测区选择一些具有控制意义的点 $A,B\cdots F$ 等作为控制点,用较精密的仪器和方法,精确地测定各控制点的平面位置和高程,这步工作称为控制测量。这些控制点测量精度高,均匀分布在整个测区,可起到控制全局的作用,是测图和施工放样的依据。以控制点为基础,测定其周围局部范围的地物和地貌特征点,称为碎部测量。例如,在控制点 A 上测量房屋、道路、山丘等碎部点。碎部测量是较控制测量低一级的测量,是局部测量,是在控制点的基础上进行的,因此碎部测量的误差就局限在控制点的周围,从而控制了误差的传播与积累;保证了测区的精度。

图 1-11　某测区地物、地貌透视图

同样,建筑施工测量也遵循"从整体到局部、先控制后碎部、由高级到低级"的原则。首先,在整个施工场地整体布设控制网,用高精度的仪器和工具测设控制点的平面坐标和高程;然后,在控制网的基础上,进行建筑物的平面定位和高程测设,再以此进行细部轴线投测,放样点的精度低于控制点的精度。例如,图 1-12 中用控制点 A、F 放样 P、Q、R 等建筑物。

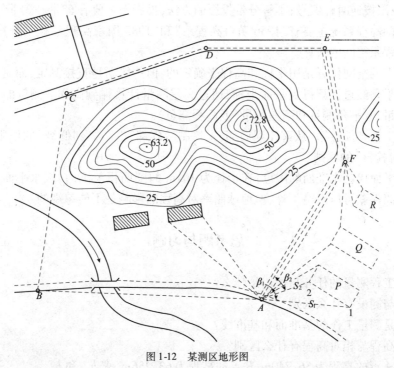

图 1-12　某测区地形图

9

测量工作的程序分为控制测量和碎部测量两步。遵循测量的工作原则和程序，可使测量误差分布比较均匀，限制了误差的传播与积累；同时可以在多个控制点上平行作业，加快了测量速度。

测量工作分为外业和内业。外业工作主要是进行野外数据的采集工作，包括测角、量边、测高差和碎部点测量等；内业工作是指对采集的外业数据进行整理、平差计算、编辑和绘制成图等工作。当然，外业工作也包括一些简单的计算和绘图内容。

测量工作中要严格进行检核工作，即对测量的每项成果必须检核，保证前一项工作无误，方可进行下一步工作，即"处处有检核"，以保证结果的正确性，这也是测量工作必须遵循的又一原则。

此外，在建筑工程测量中，当测区范围较小或测量精度要求较低时，为了简化投影计算，常直接将地面点沿铅垂线投影到平面上，进行几何计算或测图。但这样的代替是有限度的，所产生的误差以不影响工程地形图和施工放样的精度为准。一般在半径为10km的测区内，可以用平面代替大地水准面；但地球曲率对高差的影响较大，在高程测量中应考虑地球曲率的影响。

本 章 小 结

1. 建筑工程测量的主要任务包括测绘大比例尺地形图、施工测量、变形观测。

2. 测量的一些基本概念：水准面、大地水准面、旋转椭球体、大地坐标、高斯投影、高斯平面直角坐标、独立平面直角坐标、绝对高程、相对高程等。

3. 测量的基准面为大地水准面，基准线为铅垂线。

4. 测量上的平面直角坐标系与数学中的笛卡尔坐标系的不同点：测量中纵轴为 x 轴，横轴为 y 轴，象限按逆时针编号；了解分带投影的方法，投影带主要有6°带和3°带。

5. 我国的高程系统主要有"1956黄海高程系"和"1985国家高程基准"，使用资料时，要注意不同高程系间的换算。

6. 地面点的空间位置是用坐标和高程来确定的，但一般不是直接测定，而是通过测量水平距离和水平角经过计算得到平面坐标，通过高差测量计算得到高程。测量的基本工作是水平距离测量、水平角测量和高差测量(或高程测量)。

7. 测量工作必须遵循"从整体到局部，先控制后碎部，由高级到低级"的原则，同时也要遵循"处处有检核"的原则。

8. 用水平面代替水准面的限度：在半径为10km的圆面积范围内，以水平面代替水准面所产生的距离误差可以忽略不计，但地球曲率对高程的影响是不能忽视的。

思考题与习题

1. 建筑工程测量的任务与作用是什么？
2. 测定与测设有什么区别？
3. 什么是测量工作的基准面和基准线？
4. 绝对高程与相对高程有什么区别？
5. 已知 A 点的高程为56.740m，B 点的高程为63.256m，求 h_{AB} 和 h_{BA}。

6. 某地假定水准面的绝对高程为 278.594m,测得地面 A 点的相对高程为 48.629m,求 A 点的绝对高程,并绘图说明。

7. 测量上的平面直角坐标与数学上的笛卡尔坐标有什么不同?

8. 确定地面点的三个基本要素是什么?测量基本工作是什么?

9. 测量工作应遵循的原则有哪些?

第二章 测量基本知识

本章知识要点:

本章内容主要包括:水准测量工作原理,水准仪的认识与使用,水准测量的外业施测与内业处理;角度测量工作原理,经纬仪的认识与使用,用测回法进行水平角与竖直角观测的外业施测与计算;距离测量,钢尺量距的外业施测与精度计算;直线定向的概念与表示方法,坐标方位角的推算与坐标正反算;全站仪与 GPS 技术;测量误差产生的原因,衡量测量误差的精度标准;地形图的基本知识与应用。

通过本章的学习,要掌握水准测量确定地面点高程的方法,掌握测回法测水平角与竖直角的方法,包括外业施测程序与内业处理;掌握距离测量的方法与精度评定;重点要掌握直线定向的相关知识,坐标方位角的概念、坐标方位角的推算与坐标正反算。熟悉全站仪的角度测量、距离测量、坐标测量和坐标放样的方法;能够评定测量误差精度,对地形图能够识读与应用。

第一节 水 准 测 量

水准测量是确定地面点高程的主要方法之一,是使用水准仪和水准尺,根据水准仪建立的水平视线测量地面点间的高差,进而由已知高程点推求未知点高程的测量工作方法。

一、水准测量工作原理

1. 高差法

水准测量是高程测量工作的常规测量方法,其工作原理是根据水准仪建立的一条水平视线以测取地面两点间高差,然后依据已知点高程,推求出未知点高程。如图 2-1 所示,已知点 A 的高程为 H_A,欲求未知点 B 的高程 H_B,首先得测出 A 点和 B 点之间的高差 h_{AB},于是 B 点的高程 H_B 为:

$$H_B = H_A + h_{AB} \tag{2-1}$$

由此计算出未知点 B 的高程 H_B。

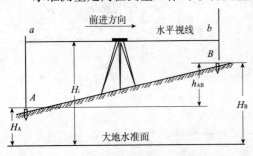

图 2-1 水准测量工作原理

测量高差 h_{AB} 的原理为:在 A、B 两点上各竖立一根水准尺,并在 A、B 两点之间的适当位置安置一架水准仪。采取正确的操作方法调整仪器,完成仪器精平操作,以建立一条水平视线,并根据水准仪所提供的水平视线,分别在 A、B 两点的标尺上读得读数 a 和 b,则 A、B 两点的高差等于两个标尺读数之差。即两点的高差 h_{AB} 为:

$$h_{AB} = a - b \tag{2-2}$$

由此根据已知高程点 A，可计算出待求高程点 B 的高程为：

$$H_B = H_A + h_{AB} = H_A + (a - b) \tag{2-3}$$

设水准测量的方向是从 A 点往 B 点进行。则规定 A 点为后视点，A 点所立尺为后视尺，简称为后尺，A 尺上的中丝读数 a 为后视读数；B 点为前视点，B 点所立尺为前视尺，简称为前尺，B 尺上的中丝读数 b 为前视读数，每安置一次仪器称为一个测站，竖立水准尺的点称为测点。两点的高差必须是用后视读数减去前视读数进行计算。

显然，高差 h_{AB} 的值可能为正，也可能为负。其值若为正，表示待求点 B 高于已知点 A；若为负值，表示待求点 B 低于已知点 A。此外，高差的正负号与测量工作的前进方向也有关，例如图 2-1 中测量由 A 向 B 行进，高差用 h_{AB} 表示，其值为正；反之由 B 向 A 行进，则高差用 h_{BA} 表示，其值为负。所以，高差值必须标明正、负号，同时要规定出测量的前进方向。

2. 视线高法

如图 2-1 所示，B 点的高程也可以利用水准仪的视线高程 H_i（也称仪器高程）来计算：

$$H_i = H_A + a \tag{2-4}$$

$$H_B = H_i - b = (H_A + a) - b \tag{2-5}$$

即仪器的视线高程（简称视线高）等于 A 点的高程加上后视读数，通常用 H_i 表示视线高。则 B 点的高程等于仪器的视线高 H_i 减去 B 尺的读数 b。

当安置一次水准仪，根据一个已知高程的后视点，求若干个未知点的高程时，用式(2-5)计算较为方便。视线高法是一种在建筑工程施工中被广泛应用的测量方法。

二、水准测量方法

在实际工作中，如果已知点到待定点之间的距离较远或高差较大时，仅安置一次仪器不可能测得两点间的高差，此时需要加设若干个临时的立尺点，作为传递高程的过渡点，称为转点，用 TP 加注下标表示。如图 2-2 所示，欲求 A、B 两点的高差 h_{AB}，选择一条施测线路，用水准仪依次测出 A、TP_1 的高差 h_1，TP_1、TP_2 的高差 h_2 等，直到最后测出 TP_n、B 的高差 h_n。各站两点间的高差均为每站的后视读数减去前视读数，即：

$$h_1 = a_1 - b_1$$
$$h_2 = a_2 - b_2$$
$$\cdots\cdots$$
$$h_n = a_n - b_n$$

则测段 AB 两点间得高差 h_{AB} 为：

$$h_{AB} = h_1 + h_2 + \cdots + h_n = \sum h = \sum a - \sum b \tag{2-6}$$

式中，等号右端用下标 $1,2\cdots n$ 表示第一站、第二站…第 n 站的高差和各站的后视读数及前视读数。

从式(2-6)可知，测段两点的高差等于连续各站高差的代数和，也等于后视读数之和减去前视读数之和。在实际工作中，通常要求应分别用 $\sum h$ 和 $(\sum a - \sum b)$ 来进行高差计算，并进行比较，以此来检核计算是否有误。

图 2-2 中，在 TP_1，$TP_2\cdots TP_n$ 等转点上应连续立尺，它们在前一测站是前视点，而在下一测站则是后视点；转点是一种起传递高程作用的过渡点，转点上产生的任何差错，都会影响

到高差的计算,间接地影响到高程的推算。

水准测量的实质就是将高程从已知点经过转点传递到待求高程点,进而计算出待求点高程。

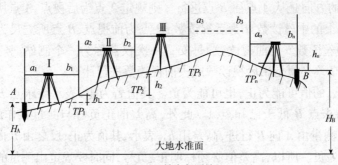

图 2-2　转点与测站

三、水准仪与水准尺

水准仪是进行水准测量工作的主要仪器。目前常用的水准仪从构造上可分为两大类:一类是利用水准管来获得水平视线的水准仪,称为"微倾式水准仪";另一类是利用补偿器来获得水平视线的"自动安平水准仪"。此外,尚有一种新型水准仪——电子水准仪,它配合条纹编码尺,利用数字化图像处理的方法,可自动显示高程和距离,使水准测量实现自动化。

我国的水准仪系列标准分为 DS_{05}、DS_1、DS_3 等几个等级。D 是大地测量仪器的代号,S 是水准仪的代号,下标数字表示仪器的精度。其中 DS_{05} 和 DS_1 用于精密水准测量,DS_3 用于普通水准测量。

1. DS_3 型微倾式水准仪

如图 2-3 所示为 DS_3 型微倾式水准仪的构造图,主要由望远镜、水准器和基座三个部分组成。

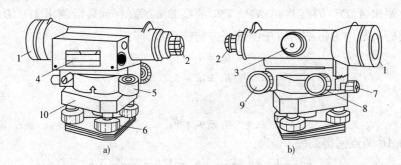

图 2-3　DS_3 型微倾式水准仪

1-物镜;2-目镜;3-调焦螺旋;4-管水准器;5-圆水准器;6-脚螺旋;7-制动螺旋;8-微动螺旋;9-微倾螺旋;10-基座

望远镜和管水准器与仪器竖轴连接成一体,竖轴插入基座的轴套内,望远镜和管水准器整体可绕竖轴旋转。制动螺旋和微动螺旋用来控制望远镜在水平方向的转动。旋转微倾螺旋可使望远镜连同管水准器作俯仰微量的倾斜,从而可使视线精确整平。基座上有三个脚螺旋,调节脚螺旋可使圆水准器的气泡移至中心位置,使仪器粗略整平。

(1)望远镜。望远镜由物镜、调焦透镜、目镜和十字丝分划板四个部件组成,如图 2-4

所示。

水准仪望远镜内安装了一块平板玻璃,其上刻有两条相互垂直的细线(称为十字丝),中间横的一条称为中丝(或横丝),与其垂直的丝称为纵丝(或竖丝),与中丝平行的上、下两短丝称为视距丝,该块平板玻璃称为十字丝分划板(图2-5),其安装在物镜与目镜之间,是用来读数的工具。中丝所对应的水准尺读数是计算两测点高差的。同一把尺上由上、下丝所对应的读数来计算仪器与观测点间的水平距离(即视距)。

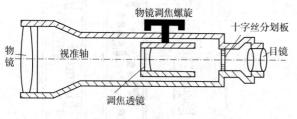

图2-4 水准仪望远镜

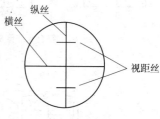

图2-5 十字丝分划板

十字丝中点和物镜光心的连线称为视准轴,也即仪器视线方向,在水准测量工作中必须使视线方向成水平,方可读取中丝读数。

为了能准确地照准目标且读出读数,在望远镜内必须同时能看到清晰的物像和十字丝刻划,为此必须使十字丝清晰且物像成像在十字丝分划板平面上。测量时,为了保证不同距离的目标都能成像于十字丝分划板平面上,望远镜内安装了一个物镜调焦透镜及调焦螺旋。照准目标时,可旋转调焦螺旋改变调焦透镜的位置,从而能清晰地看到照准目标的像;而调节目镜调焦螺旋,可使十字丝分划线成像清晰。

(2)水准器。水准器是用以整平仪器建立水平视线的重要部件。水准器分为管水准器和圆水准器两种。

①管水准器,又称水准管,是一个封闭的玻璃管,如图2-6所示。

为了提高水准管气泡居中的精度,微倾式水准仪在水准管的上方安装一组符合棱镜系统,通过棱镜的反射作用,把气泡两端的影像折射到望远镜旁的观察窗内。如图2-7所示,当气泡两端的像合成为一个光滑圆弧时,表示气泡居中;若两端影像错开,则表示气泡不居中,可转动微倾螺旋使气泡影像吻合,这种水准器称为符合水准器。微倾螺旋的转动方向与左边圆弧的运动方向相同。图2-7a)表明气泡不居中,需要转动微倾螺旋使符合气泡居中;图2-7b)表明气泡已经居中,不需要转动微倾螺旋。

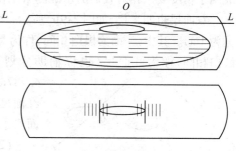

图2-6 管水准器

②圆水准器,是一个封闭的圆形玻璃容器,如图2-8所示。

当圆水准器气泡居中时,圆水准器轴处于铅垂位置。

(3)基座。基座起支撑仪器上部的作用,通过连接螺旋与三脚架相连接。基座由轴座、脚螺旋、底板和三角压板构成。转动脚螺旋,可使圆水准器气泡居中,使仪器竖轴竖直。

2. 水准尺与尺垫

(1)水准尺。水准尺是水准测量中使用的标尺,用优质木材或铝合金等材料制成。常用的水准尺有塔尺和双面尺两种。如图2-9所示为两种尺子外形。

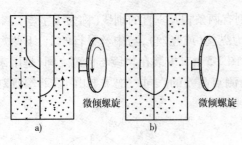

图 2-7 符合水准器及调整

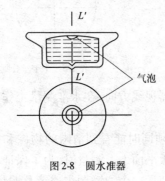

图 2-8 圆水准器

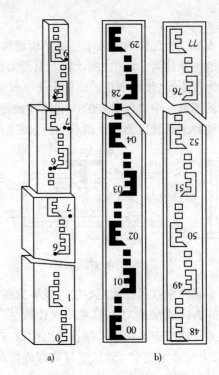

图 2-9 水准尺

如图 2-9a)所示为塔尺,呈塔形,由几节套接而成,有多种规格。该尺的底部为零刻划,尺面以黑白相间的分划刻划,最小刻划为 1cm 或 0.5cm,米和分米处注有数字,大于 1m 的数字注记加注红点或黑点,点的个数表示米数。塔尺携带方便,但在连接处常会产生误差,一般用于精度要求相对较低的水准测量工作中。

双面尺也叫直尺,如图 2-9b)所示,该尺长 3m,双面水准尺在两面标注刻划,尺的分划线宽为 1cm。其中,一面为黑白相间,称为黑面尺(也称基本分划),尺底端起点为零;另一面为红白相间,称为红面尺(也称辅助分划),尺底端起点是一个常数 k,一般为 4.687m 或 4.787m。不同尺常数的两根尺子组成一对使用,利用黑、红面尺零点相差的常数可对水准测量读数进行检核。双面尺主要用于三、四等水准测量工作中。

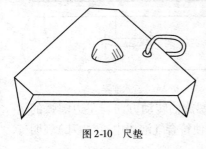

图 2-10 尺垫

(2)尺垫。如图 2-10 所示,尺垫用铁制成,呈三角形。其上面有一个凸起的半圆球,半球的顶点作为转点标志,水准尺立于尺垫的半圆球顶点上。使用时应将尺垫下面的三个脚踏入土中使其稳固。

四、DS_3 型微倾式水准仪操作步骤

DS_3 型水准仪的操作步骤可归纳为安置仪器、粗略整平、瞄准、调焦、精确整平和读数五步。

1. 安置仪器

进行水准测量时,首先松开三脚架架腿的固定螺旋,伸缩三个脚腿使高度适中,再拧紧架腿固定螺旋,将三脚架安置在测站点上。若在比较平坦的地面上,应将三个脚置放点大致

摆成等边三角形,调好三脚架的安放高度,且使脚架顶面大致水平,以稳定牢固地安置于地面上;在斜坡上,应将两个架腿平置于坡下,另一个架腿安置在斜坡方向上,踩实架腿安置脚架。安置好三角架后,从仪器箱中取出仪器,用中心连接螺旋将仪器固定在三角架上。

2.仪器粗略整平

粗略整平简称粗平,其目的是通过调节仪器脚螺旋使圆水准器气泡居中,达到水准仪的竖轴铅直,视线大致水平。粗平的操作过程如下:

(1)松开水平制动螺旋,转动仪器上部,使水准管面与任意两脚螺旋连线平行,如图2-11a)所示的1、2两个脚螺旋连线方向平行。

(2)用两手分别以相对方向转动1、2两个脚螺旋,使气泡移动到圆水准器零点和1、2两个脚螺旋连线方向相垂直的交点上。如图2-11b)所示,气泡自 a 移到 b,此时仪器在这两个脚螺旋连线的方向处于水平位置。注意气泡的运动规律:气泡移动的方向和左手大拇指旋动螺旋的旋进方向一致,与右手旋进方向相反。

(3)转动脚螺旋3,使气泡居中,如图2-11c)所示,气泡自 b 移到中心位置,则两个脚螺旋连线的垂线方向亦处于水平位置,从而完成仪器粗平操作。

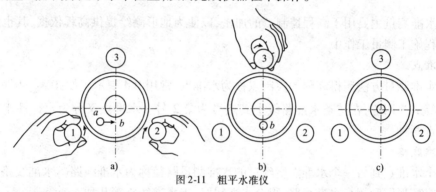

图2-11 粗平水准仪

按上述方法反复调整脚螺旋,能使圆水准器气泡完全居中。脚螺旋转动的原则是:顺时针转动脚螺旋使该脚螺旋所在一端升高,逆时针转动脚螺旋使该脚螺旋所在一端降低,气泡偏向哪端说明哪端高,气泡的移动方向始终与左手大拇指转动的方向一致,称之为左手大拇指法则。

3.瞄准与调焦

瞄准分为粗瞄和精瞄。粗瞄就是通过望远镜镜筒外的缺口和准星瞄准水准尺后,进行调焦,使镜筒内能清晰地看到水准尺和十字丝,具体的操作过程是:

(1)旋松望远镜制动螺旋,将望远镜对准明亮的背景,转动目镜调焦螺旋使十字丝成像清晰。

(2)转动仪器,用望远镜镜筒外的缺口和准星粗略地瞄准水准尺,固定望远镜制动螺旋。

(3)旋动物镜对光螺旋,使尺子的成像清晰,并转动水平微动螺旋,使十字丝纵丝对准水准尺的中间,如图2-12所示。

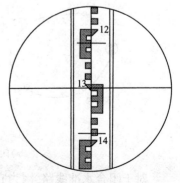

图2-12 瞄准水准尺

4.精确整平

精确整平简称精平,其是通过调节微倾螺旋,使符合水准器气泡居中,即让目镜左边观察窗内的符合水准器的气泡两个半边影像完全吻合,这时望远镜的视准轴完全处于水平位置。每次读中丝读数前都应进行精平。由于气泡移动有惯性,所以转动微倾螺旋的速度不能太快,只有符合气泡两端影像完全吻合而又稳定不动后,气泡才居中。

5. 读数与记录

符合水准器气泡居中后,应立即读取十字丝中丝在水准尺上的读数。依次读出米、分米、厘米、毫米四位数,其中毫米位是估读的。如图2-12所示,中丝读数为1.306m,如果以毫米为单位读,记为1 306mm。读数后,应由记录员立即在手簿上记录相应数据。

由于水准仪有正像和倒像两种,读数时要注意遵循从小到大的读数顺序。正像仪器的尺像上丝读数大,下丝读数小;倒像仪器的尺像上丝读数小,下丝读数大。图2-12为倒像仪器观测时的尺像。

需要注意的是,当望远镜瞄准另一方向时,符合气泡两侧如果分离,则必须重新转动微倾螺旋使水准管气泡符合后才能对水准尺进行读数。

实际工作中,应用十字丝板上的三横丝读取水准尺的上、中、下读数,称为三丝读数法。

五、五等水准测量施测

五等水准测量主要用于高程控制点的加密,以便为地形测绘提供高程依据,其也广泛用于土木工程施工测量工作中。

1. 水准点

采用水准测量方法测得高程的控制点称为水准点,常用BM表示。如:BM_{IV2}表明该水准点的精度等级为四等,在整条水准路线上其点号为第2号。水准点又分为永久性水准和临时性水准点两种。

2. 水准线路

从一个水准点到另一个水准点所经过的水准测量路径称为水准线路。水准线路的布设形式一般有环形网和闭合水准线路、附合水准线路、支水准线路等几种。

(1)闭合水准线路。如图2-13a)所示,BM_1为已知高程的水准点,1、2、3、4是待定高程的水准点。这样由一个已知高程水准点出发,经过各待定高程水准点又回到原已知点上的水准测量线路,称为闭合水准线路。

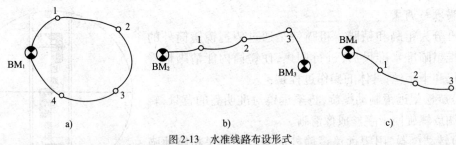

图2-13 水准线路布设形式
a)闭合水准路线;b)附合水准路线;c)支水准路线

对于闭合水准线路,因为它起讫于同一个点,所以理论上整个线路的高差应等于零,即:

$$h_{理} = 0$$

(2)附合水准线路。如图2-13b)所示,BM_2和BM_3为已知高程水准点,1、2、3为待测高程水准点。这种由一个已知高程水准点出发,经过各待定高程水准点后附合到另一个已知高程点上的水准线路,称为附合水准线路。

对于附合水准线路,理论上在两已知高程水准点间所测得各站高差之和应等于起讫两水准点间的高程之差,即:

$$h_{理} = h_{终点} - h_{起点}$$

(3)支水准线路。如图 2-13c)所示,BM_4 为已知高程水准点,1、2、3 为待测高程水准点。这种既不联测到另一已知点,也未形成闭合环路的线路形式称为支水准线路。

支水准线路必须在起点、终点间用往、返测进行校核。理论上,往返测所得高差的绝对值应相等,但符号相反,或者是往返测高差的代数和应等于零,即:

$$\sum h_{往} = -\sum h_{返} \text{ 或 } \sum h_{往} + \sum h_{返} = 0$$

3. 五等水准测量工作施测

(1)水准测量的主要技术要求和水准观测的主要技术要求。

依据工程测量规范规定,在开展水准测量作业时,必须按规范所规定的水准测量技术要求和水准观测要求进行实施。表 2-1 为各等级水准测量的主要技术要求。

水准测量的主要技术要求 表 2-1

等级	每千米高差全中误差(mm)	路线长度(km)	水准仪型号	水准尺	观测次数		往返较差、附合或环线闭合差	
					与已知点联测	附合或环线	平地(mm)	山地(mm)
二等	2	—	DS_1	铟瓦	往返各一次	往返各一次	$4\sqrt{L}$	—
三等	6	≤50	DS_1	铟瓦	往返各一次	往一次	$12\sqrt{L}$	$4\sqrt{n}$
			DS_3	双面		往返各一次		
四等	10	≤16	DS_3	双面	往返各一次	往一次	$20\sqrt{L}$	$6\sqrt{n}$
五等	15	—	DS_3	单面	往返各一次	往一次	$30\sqrt{L}$	$8\sqrt{n}$

注:1. 结点之间或结点与高级点之间,其路线的长度,不应大于表中规定的 0.7 倍。
2. L 为往返测段,附合或环线的水准路线长度(km);n 为测站数。
3. 数字水准仪测量的技术要求和同等级的光学水准仪相同。

在进行水准测量外业观测工作时,应符合各等级水准观测的主要技术要求,具体要求见表 2-2。

水准观测的主要技术要求 表 2-2

等级	水准仪型号	视线长度(m)	前后视较差(m)	前后视累积差(m)	视线离地面最低高度(m)	基、辅分划或黑、红面读数较差(mm)	基、辅分划或黑、红面所测高差较差(mm)
二等	DS_1	50	1	3	0.5	0.5	0.7
三等	DS_1	100	3	6	0.3	1.0	1.5
	DS_3	75				2.0	3.0
四等	DS_3	100	5	10	0.2	3.0	5.0
五等	DS_3	100	近似相等	—			

注:1. 二等水准视线长度小于 20m 时,其视线高度不应低于 0.3m。
2. 三、四等水准采用变动仪器高度观测单面水准尺时,所测两次高差较差,应与黑面、红面所测高差之差的要求相同。
3. 数字水准仪观测,不受基、辅分划或黑、红面读数较差指标的限制,但测站两次观测的高差较差,应满足表中相应等级基、辅分划或黑、红面所测高差较差的限值。

(2)五等水准测量工作外业观测步骤。

如图2-14所示为某五等水准线路中第一水准测段观测示意图,图中 A 为已知高程点,B 为待求高程点,TP_1、TP_2 等点为该测段转点,线路的其他水准测段未表示。

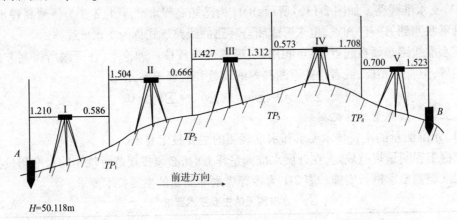

图2-14 水准测量外业观测(尺寸单位:m)

①将水准尺立于已知高等级水准点上,作为后视。图2-14中 A 点所立水准尺(此点是整个水准线路的起点,也是水准线路第一测段的起点,该点一般应是已知高等级水准点,其高程是整个水准线路高程解算的起算数据)。

②在施测路线前进方向上的适当位置(如 TP_1 点)放置尺垫,并将尺垫踩实放好,在尺垫上竖立水准尺作为前视,然后将水准仪安置于水准路线上适当位置,如位置Ⅰ处,水准仪到 A 点和 TP_1 点的距离应基本相等,仪器到水准尺的距离不得大于100m(平坦场地),以建立第一站,A 点为后视水准点,TP_1 为前视水准点,前后视距应大致相等。

③在进行第一站观测工作时,首先旋动仪器基座上的三个脚螺旋,完成仪器粗平操作,瞄准后视尺,并消除仪器视差,然后旋转微倾螺旋使管水准气泡符合精平仪器,立即读取中丝读数及上、下丝读数,记入观测手簿,见表2-3。

④旋转水准仪,瞄准前尺(即立于 TP_1 点上的水准尺),消除仪器视差,然后再次精平仪器,读取中丝读数及上、下丝读数,记入观测手簿。记录员根据记录的读数计算高差及前后视距,并比较计算前后视距差,其前后视距应大致相等,其差最好不大于5m(否则应重新观测本测站)。

⑤将仪器按照线路前进方向搬迁至距离 TP_1、TP_2 两转点等距离处适当位置Ⅱ处,建立水准线路测量的第二站(如图中 TP_1 点之后的位置Ⅱ)。立在第一站 TP_1 上的水准尺不动,此时,只把尺面转向前进方向,变成第二站的后尺,而将第一站后视点上的水准尺迁移到线路前进方向上适当位置(如图中 TP_2 点)作为第二站的前尺。

然后按第一站相同的观测程序进行线路第二站水准测量工作,相应在外业数据手簿中记录观测数据。

⑥其后,按照相同的方法和操作程序,依次沿水准路线前进方向建立各水准测站,并完成各测站的水准观测工作,直至观测到水准线段的终点 B 点(该点是整个水准线路第一测段的终点,且是该水准测段最后一站的前视水准点,是整个线路所设立的第一个未知高程点)。到此,整个水准线路第一测段的外业数据采集工作完毕。

然后,按照水准线路第一测段相同的观测程序和方法依次观测完线路的其余各个测段,直至整个线路的终点,完成整个五等水准线路的外业数据采集工作。

水准测量手簿(m)　　　　　　　　　　　　　表 2-3

测站编号	测点	后尺 上丝 / 下丝 / 后视距	前尺 上丝 / 下丝 / 前视距	后尺中丝	前尺中丝	高差
Ⅰ	$A—TP_1$	1.426 / 0.993 / 43.3	0.800 / 0.374 / 42.6	1.210	0.586	+0.624
Ⅱ	$TP_1—TP_2$	1.712 / 1.296 / 41.6	0.873 / 0.452 / 42.1	1.504	0.661	+0.843
Ⅲ	$TP_2—TP_3$	1.537 / 1.322 / 21.5	1.422 / 1.201 / 22.1	1.427	1.312	+0.115
Ⅳ	$TP_3—TP_4$	0.753 / 0.390 / 36.3	1.894 / 1.525 / 36.9	0.573	1.708	−1.135
Ⅴ	$TP_4—B$	0.896 / 0.507 / 38.9	1.716 / 1.333 / 38.3	0.700	1.523	−0.823
Σ				5.414	5.790	−0.376
计算校核		$\sum a - \sum b = (5.414 - 5.790)\text{m} = -0.376\text{m}$ $\sum h = -0.376\text{m}$（计算正确）				

为减少水准测量误差,提高测量的精度,在整个测量过程中应注意以下内容:在测量工作之前,应对水准仪、水准尺进行检验,符合要求方可使用;每次读数之前和之后均应检查水准管气泡是否居中;读数之前检查是否存在视差,读数要估读至毫米;视线距离以不超过 75m 为宜;为防止水准尺竖立不直和大气折光对测量结果产生的影响,要求水准尺上读取中丝读数的最小读数应大于 0.3m,最大读数应小于 2.5m;为防止仪器和尺垫下沉对测量的影响,应选择坚固稳定的地方作转点,使用尺垫时要用力踏实,在观测过程中保护好转点位置,精度要求高时也可用往返观测取平均值的方法以减少其误差的影响。读数时,记录员要复述,以便核对;记录要整齐、清楚;记录有误时,不准擦去及涂改,应划掉重写。

(3)水准外业观测数据记录与计算。

按照以上观测程序测完整条水准路线后,得到水准外业观测数据手簿,见表 2-3。在填写外业数据时,应注意把各个读数正确地填写在相应栏内。各测站所得的高差代数和 Σh,就是从起点 A 到终点 B 的高差。终点 B 的高程等于起点 A 的高程加 A、B 间的高差。因为测量的目的是求 B 点的高程,所以各转点的高程不需计算。相应填写并计算其他各水准测段外业数据。

(4)水准测量检核方法。

①计算检核。计算检核可以检查出每站高差计算中的错误,及时发现并纠正错误,保证计算结果的正确性。在每一测段结束后或手簿上每一页之末,必须进行计算校核。检查后

视读数之和减去前视读数之和($\sum a - \sum b$)是否等于各站高差之和($\sum h$),并等于终点高程减起点高程;如不相等,则计算中必有错误,应进行检查。但应注意,这种校核只能检查计算工作有无错误,而不能检查出测量过程中所产生的错误,如读错、记错等。为了保证观测数据的正确性,通常采用测站检核。

②测站检核。测站检核一般采用两次仪器高法和双面尺法。

a. 两次仪器高法。在一个测站上测得高差后,改变仪器高度,即将水准仪升高或降低(变动 10cm 以上)后重新安置仪器,再测一次高差,两次测得高差之差不超限时,取其平均值作为该站高差。超过此限差须重新观测。

b. 双面尺法。在一个测站上,不改变仪器高度,先用双面水准尺的黑面观测测得一个高差,再用红面观测测得一个高差,两个高差之差不超过限差;同时,每一根尺子红黑两面读数的差与常数(4.687m 或 4.787m)之差不超限时,可取其平均值作为观测结果。如不符合要求,则需重测。

③成果检核。上述检核只能检查单个测站的观测精度和计算是否正确,还必须进一步对水准测量结果进行检核,即将测量结果与理论值比较,来判断观测精度是否符合要求。此检核工作应在整个水准线路外业工作完后进行。实际测量得到的线路高差与该线路理论高差之差为测量误差,称为高差闭合差,一般用 f_h 表示。高差闭合差的大小在一定程度上反映了测量结果的质量。

$$f_h = \sum h_测 - h_理$$

如果高差闭合差在限差允许之内,则观测精度符合要求,否则应当重测。水准测量的高差闭合差的允许值根据水准测量的等级不同而异,具体见表 2-1。

a. 闭合水准线路:

$$h_理 = 0$$

如果实测高差之和不等于零,则其与理论高差的差值就是闭合水准线路闭合差,即:

$$f_h = \sum h_测 - 0 = \sum h_测$$

b. 附合水准线路:

$$h_理 = h_{终点} - h_{起点}$$

所以附合水准线路的高差闭合差 f_h 为:

$$f_h = \sum h_测 - (h_{终点} - h_{起点})$$

c. 支水准线路闭合差:

$$\sum h_往 = -\sum h_返 \text{ 或 } \sum h_往 + \sum h_返 = 0$$

如果往返测高差的代数和不等于零,其值即为支水准线路的高差闭合差,即:

$$f_h = \sum h_往 + \sum h_返$$

有时也可以用两组并测来代替一组的往返测以加快工作进度。两组所得高差应相等,若不等,其差值即为支水准线路的高差闭合差。

(5)五等水准测量内业计算。

①高差闭合差的计算。当外业观测手簿检查无误后,便可进行内业计算,最后求得各待定点的高程。水准路线的高差闭合差,根据其布设形式的不同而采用上述不同的计算公式进行,具体计算过程和步骤详见后面的示例。

②高差闭合差的调整。当实际的高差闭合差在规范限差范围以内时,可以按简易平差方法将闭合差分配到各测段上。显然,高差测量的误差是依水准线路的长度(或测站数)的增加而增

加,所以分配的原则是把闭合差反号后(即正误差反号为负改正数,负误差反号为正改正数),根据各测段路线的长度(或测站数)按正比例分配到各测段高差上。故各测段高差改正数为:

$$v = -\frac{l}{L} \cdot f$$

或

$$v = -\frac{n}{N} \cdot f$$

式中,l_i 和 n_i 分别为各测段路线之长和测站数;L 和 N 分别为水准路线总长和测站总数。

求得各水准测段高差改正数后,即可计算出各测段改正后高差,它等于每段实测高差与本段高差改正数之和。

③计算各待定点的高程。根据已知点高程和各测段改正后高差,便可依次推算出各待定点高程。各点高程为其前一点高程加上该测段改正后高差。

通常,在计算完水准路线各段高差之后,应再次计算路线闭合差。闭合差应为零,否则应检查各项计算是否有误。

④水准线路内业计算示例。

a. 附合水准路线,见表2-4。

附合水准线路高程测量内业计算　　　　表2-4

点　号	距离(km)(或测站数)	高差(m)	改正数(mm)	改正后高差(m)	高程(m)
IV$_{21}$					10.000
	0.82	+0.250	+4	+0.254	
BM$_1$					10.254
	0.54	+0.302	+3	+0.305	
BM$_2$					10.559
	1.24	−0.472	+6	−0.466	
BM$_3$					10.093
	1.40	−0.357	+7	−0.350	
IV$_{22}$					9.743
Σ	4.00	−0.277	+20		

$f_h = \sum h_{测} - (h_{终点} - h_{起点}) = -0.277 - (9.743 - 10.000) = -0.020\,m$

$f_{允许} = \pm 30\sqrt{L} = \pm 30\sqrt{4} = \pm 60.0\,mm$(五等)$f_h < f_{允许}$(合格)

b. 闭合水准路线,见表2-5。

c. 支水准线路。对于支水准线路,应将高差闭合差按相反的符号平均分配在往测和返测的高差值上。具体计算举例如下。

在 A、B 两点间进行往、返水准测量,已知 $H_A = 8.475\,m$, $\sum h_{往} = 0.028\,mm$, $\sum h_{返} = -0.018\,mm$, A、B 间线路长 L 为 3km,求改正后的 B 点高程。

实测高差闭合差:$f_h = \sum h_{往} + \sum h_{返} = [0.028 + (-0.018)]\,mm = 0.010\,mm$。

允许高差闭合差:$f_{允许} = \pm 30\sqrt{L} = \pm 30\sqrt{3} = \pm 52.0\,mm$,因 $f_h < f_{允许}$,故精度符合要求。

改正后往测高差:$\sum h'_{往} = \sum h_{往} + \frac{1}{2} \times (-f_h) = (0.028 - 0.005) = 0.023\,m$。

改正后返测高差:$\sum h'_{返} = \sum h_{返} + \frac{1}{2} \times (-f_h) = (-0.018 - 0.005) = -0.023\,m$。

故 B 点高程为: $H_B = H_A + \sum h'_{往} = (8.475 + 0.023) = 8.498$ m。

闭合水准测量高程的计算   表2-5

点号	测站数	实测高差(m)	改正数(mm)	改正后高差(m)	高程(m)
BM_1					30.000
	2	+2.845	-3	2.842	
1					32.842
	4	+0.856	-5	+0.851	
2					33.693
	5	-0.643	-6	-0.649	
3					33.044
	3	-1.254	-3	-1.257	
4					31.787
	3	-2.181	-3	-2.184	
5					29.603
	3	+0.400	-3	+0.397	
BM_1					30.000
$\sum$	20	+0.023	-23	0	

$$f_h = \sum h_{测} - 0 = +0.023 \text{m}$$
$$f_{允许} = \pm 8\sqrt{N} = \pm 8\sqrt{20} = \pm 35.7 \text{mm} \quad f_h < f_{允许}(合格)$$

第二节 角度测量

角度测量是确定地面点位置的基本测量工作之一，包括水平角测量和竖直角测量，主要仪器是经纬仪和全站仪。测量得到的水平角用于求算点的平面位置，而竖直角用于计算高差或将倾斜距离转化为水平距离。

一、水平角测量原理

所谓水平角，是指相交的两地面直线在水平面上的投影之间的夹角，也就是过两条地面直线的铅垂面所夹的两面角，角值0°~360°。如图2-15所示，$A、B、C$ 为地面三点，过 $AB、BC$ 直线的竖直面，在水平面 P 上的交线 $A_1B_1、B_1C_1$ 所夹的角 β，就是直线 AB 和 BC 的水平角，此两面角在两竖直面交线 OB_1 上任意一点可进行量测。设想在竖线 OB_1 上的 O 点放置一个按顺时针注记的全圆量角器（称为度盘），使其中心正好在竖线 OB_1 上，并呈水平状态。OA 竖直面与度盘的交线得一读数 a，OC 竖直面与度盘的交线得另一读数 b，则 $b-a$ 就是圆心角 β，即 $\beta = b - a$，这个 β 就是该两地面直线间的水平角。

依据水平角测角原理，欲测出地面直线间的水平角，观测用的设备必须具备以下两个条件：

(1)须有一个与水平面平行的水平度盘，并要求该度盘的中心能通过操作与所测角度顶点处在一条铅垂线上。

(2)设备上要有个能瞄准目标点的望远镜，且要求该望

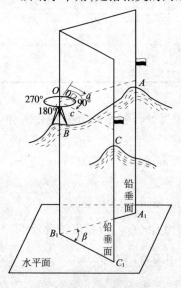

图2-15 水平角测量原理

远镜能上下、左右转动,在转动时还能在度盘上形成投影,并通过某种方式来获取对应的投影读数,以计算水平角。

经纬仪(和全站仪)便是按照此要求来设计和制造的,因而可以用其进行角度测量。进行角度测量时,首先通过对中操作将仪器安置于欲测角的顶点上,再整平仪器,使水平度盘成水平;然后利用望远镜依次照准观测目标(至少2个),利用读数装置,读取各自对应的水平读数,即可测得地面直线在交点处的水平角 β。

二、DJ6 光学经纬仪的认识

1. DJ6 光学经纬仪结构

经纬仪的类型很多,国产经纬仪按野外"一测回方向观测中误差"这一精度指标划分为 DJ1、DJ2、DJ6 几种型号。其中字母 D、J 分别为"大地测量"和"经纬仪"汉语拼音的第一个字母,而"DJ6"表示经纬仪野外"一测回方向观测中误差"为"6″"的仪器。

光学经纬仪由基座、水平度盘和照准部三部分组成。如图 2-16 所示为北京博飞光学仪器厂生产的 DJ6 光学经纬仪,其主要部件如下:

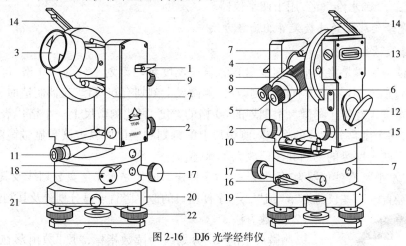

图 2-16 DJ6 光学经纬仪

1-望远镜制动螺旋;2-望远镜微动螺旋;3-物镜;4-物镜调焦螺旋;5-目镜;6-目镜调焦螺旋;7-光学瞄准器;8-度盘读数显微镜;9-度盘读数显微镜调焦螺旋;10-照准部管水准器;11-光学对中器;12-度盘照明反光镜;13-竖盘指标管水准器;14-竖盘指标管水准器观察反射镜;15-竖盘指标管水准器微动螺旋;16-水平方向制动螺旋;17-水平方向微动螺旋;18-水平度盘变换螺旋与保护卡;19-基座圆水准器;20-基座;21-轴套固定螺旋;22-脚螺旋

(1)照准部。

照准部是指水平度盘之上,能绕其旋转轴旋转的全部部件的总称,是仪器的上部结构,它包括望远镜、横轴、竖直度盘、竖轴、U 形支架、管水准器、竖盘指标管水准器和读数装置等。

照准部上有一管水准器,理论上,水准管轴与竖轴应垂直,且与横轴平行。管水准器用于仪器精平操作,当管水准气泡居中时,仪器的竖轴在铅垂线方向,此时仪器水平度盘处于水平状态。

光学读数装置一般由读数显微镜、测微器以及光路中一系列光学棱镜和透镜组成,用来读取水平度盘和竖直度盘所测方向的读数。

光学对点器用来调节仪器,以达到仪器的水平度盘中心与地面测角顶点处于同一铅垂线上的目的,此操作称为仪器的对中。

(2)水平度盘。

水平度盘部分主要由水平度盘、度盘变换手轮等组成。理论上，水平度盘平面应与竖轴垂直，竖轴应通过水平度盘的刻划中心。整个度盘全圆周按 0°～360°均匀分割为若干等份，且按顺时针刻划注记。目前，光学经纬仪的度盘分划值有 60′、30′、20′等几种，其中前两种用于 6″级仪器，而 20′的度盘则装配在 DJ_2 型经纬仪上。

在水平角测角过程中，水平度盘固定不动，不随照准部转动。为了角度计算的方便，在观测开始之前，通常将起始方向的水平度盘读数配置为 0°左右（或其他设计好的数字），这就需要有控制水平度盘转动的部件。故仪器上设有控制水平度盘转动的装置，目前仪器上大多采用"水平度盘位置变换螺旋"装置，该装置也称换盘手轮，如图 2-16 中"18"。

仪器的照准部上安装有度盘读数设备，当望远镜经过旋转照准目标时，视准轴由一目标转到另一目标，这时读数指标所指的水平度盘数值的变化即为两目标直线间的水平角值。

(3)基座。

仪器的下部为基座部分，主要起承托仪器的上部及与三角架相连接的作用，以便架设仪器和使用仪器。基座用于支撑整个仪器，利用中心螺旋将仪器紧固在三脚架上。基座上有三个脚螺旋，一个圆水准气泡，用来调平仪器。

2. DJ6 光学经纬仪的读数装置及读数方法

(1)测微尺读数装置。

测微尺读数装置是将水平玻璃度盘和竖直玻璃度盘均刻划平分为 360 格，每格的角度为 1°，顺时针注记。仪器内设有两个测微尺，测微尺上刻划有 60 格。仪器制造时，使度盘上一格成像的宽度正好等于测微尺上刻划的 60 格的宽度，因此测微尺上一小格代表 1′。通过棱镜的折射，两个度盘分划线的像连同测微尺上的刻划和注记可以被读数显微镜观察到，读数装置大约将两个度盘的刻划和注记放大了 60 倍。

注记有"水平"（有些仪器为"Hz"或"一"）字样窗口的像是水平度盘分划线及其测微尺的像，注记有"竖直"（有些仪器为"V"或"⊥"）字样窗口的像是竖直度盘分划线及其测微尺的像。

图 2-17　分微尺测微器读数窗口

(2)读数方法。

以测微尺上的"0"分划线为读数指标，"度"数由落在测微器上的度盘分划线的注记读出，测微尺的"0"分划线与度盘上的"度"分划线之间的、小于 1°的部分在测微尺上读出；最小读数可以估读到测微尺上 1 格的十分之一，即为 0.1′或 6″。

如图 2-17 所示的水平度盘读数为 214°54.7′，竖直度盘读数为 79°05.5′。测微尺读数装置的读数误差为测微尺上一格的十分之一，即 0.1′或 6″。

三、DJ6 型光学经纬仪的使用

1. 经纬仪的安置

经纬仪的安置包括对中和整平。对中的目的是使仪器水平度盘中心与测站点标志中心处于同一铅垂线上；整平的目的是使仪器的竖轴竖直，从而使水平度盘和横轴处于水平位置，竖直度盘位于铅垂平面内。整平分粗平和精平。仪器安置的操作步骤是：

(1)首先打开三脚架腿，调整好其长度，使脚架高度适合于观测者的身高，然后张开三脚架，将其安置在测站点上（应使三脚架头大致水平），随后从仪器箱中取出经纬仪放置在三脚架头上，并使仪器基座中心基本对齐三脚架头的中心。旋紧连接螺旋后，即可进行对中及整平操作。

（2）光学对中。光学对中是使用光学对中器进行仪器对中的方法。光学对中器是一种小型望远镜，它由保护玻璃、反光棱镜、物镜、物镜调焦镜、对中标志分划板和目镜组成，见图2-18。当照准部水平时，对中器的视线经棱镜折射后的一段成铅垂方向，且与竖轴中心重合。若地面标志中心与光学对中器分划板中心重合，说明竖轴中心已位于所测角度顶点的铅垂线上。使用光学对中器之前，应先旋转目镜调焦螺旋，使对中标志分划板清晰，再旋转物镜调焦螺旋（有些仪器是拉伸光学对中器）看清地面的测点标志。用光学对中器可使对中误差小于1mm。

操作方法为：固定三脚架的某条架腿于地面适当位置作为支点，两手分别握住另外两条架腿，提起并作前后左右的微小移动。在移动的同时，从光学对中器中观察，使对中器的中心对准地面标志中心，然后放下两架腿，固定于地面上（为提高操作速度，可用脚螺旋使对中器对准标志中心）。此时照准部并不水平，应分别调节三脚架的三个架腿高度（脚架支点位置不得移动），使仪器上的圆水准气泡居中（即使照准部大致水平），完成对中操作。

（3）整平仪器。整平分粗平和精平。粗平伴随对中过程而完成的，其操作方法是通过依次调节伸缩三脚架腿直至使仪器的圆水准气泡居中，其规律是圆水准气泡向伸高脚架腿的一侧移动；精平是通过旋转脚螺旋使管水准气泡居中。

精平的具体操作方法是：首先转动照准部，使水准管平行于任意两个脚螺旋连线方向，然后两手同时向内或向外旋转这两个脚螺旋使管水准气泡居中，再将照准部旋转90°，使水准管垂直于原先的位置，用第三个脚螺旋再次使管水准气泡居中，也就是通过操作使仪器管水准器在相互垂直的两个方向上均居中，见图2-19。注意，整平工作应反复进行，直到水准管气泡在任何方向都居中为止。

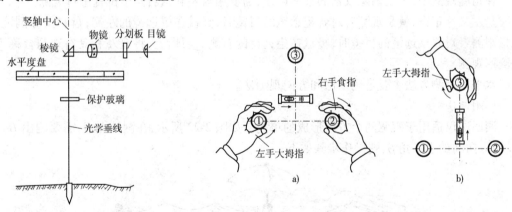

图2-18 光学对中器光路图　　　　　　图2-19 经纬仪的精平操作

仪器整平后，应进行检查，若光学对中器十字丝已偏离标志中心，则平移仪器基座（注意，不要有旋转运动），使对中标志准确对准测站点的中心，拧紧连接螺旋。再检查整平是否已被破坏，若已被破坏则再用脚螺旋整平仪器。此两项操作应反复进行，直到水准管气泡居中且光学垂线仍对准测站标志中心为止。

安置好经纬仪后，即可开始角度观测。

2. 目标瞄准

瞄准是指望远镜十字丝交点精确照准目标。测角时的照准标志，一般是竖立于测点的标杆、测钎、用三根竹杆悬吊垂球的线或对中觇牌,见图2-20。测量水平角时,应以望远镜的十字丝竖丝瞄准照准标志,见图2-21。

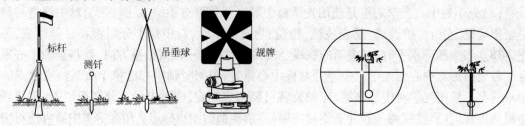

图2-20　照准标志　　　　　　　　　　图2-21　目标瞄准

望远镜瞄准目标的操作步骤如下:

(1)目镜对光。松开望远镜制动螺旋和水平制动螺旋,将望远镜对向明亮的背景(如白墙、天空等,注意不要对向太阳),转动目镜使十字丝清晰。

(2)瞄准目标。用望远镜上的粗瞄器瞄准目标,旋紧制动螺旋,转动物镜调焦螺旋使目标清晰,旋转水平微动螺旋和望远镜微动螺旋,精确瞄准目标。可用十字丝纵丝的单线平分目标,也可用双线夹住目标。

3.读数与记录

瞄准目标后,即可读取照准方向的目标方向读数。先打开度盘照明反光镜,调整反光镜的开度和方向,使读数窗亮度适中,并旋转读数显微镜的目镜,使刻划线清晰,然后读数;最后,将所读数据记录在观测手簿上相应位置。

四、水平角观测

在角度观测中,为了消除仪器的某些误差,需要用盘左和盘右两个位置进行观测。

盘左又称正镜,就是观测者对着望远镜的目镜时,竖盘在望远镜的左侧;盘右又称倒镜,是指观测者对着望远镜的目镜时,竖盘在望远镜的右测。习惯上,将盘左和盘右观测合称为一测回观测。

水平角观测方法主要是测回法和方向观测法。

1.测回法

测回法仅适用于观测两个方向形成的单角。如图2-22所示,在测站点 B,需要测出 BA、BC 两方向间的水平角 β,则操作步骤如下:

图2-22　测回法测水平角

(1)安置经纬仪于角度顶点 B,进行对中、整平,并在 A、C 两点立上照准标志。

(2)将仪器置为盘左位。转动照准部,利用望远镜准星初步瞄准 A 点,调节目镜和望远镜调焦螺旋,使十字丝和目标像均清晰,以消除视差。再用水平微动螺旋和竖直微动螺旋进行微调,直至十字丝中点照准目标。此时,打开换盘手轮进行度盘配置,将水平度盘的方向读数配置为 $0°0'0''$ 或稍大一点,读数 a_L 并记入记录手簿,见表2-6。松开制动扳手,顺时针转动照准部,同上操作,照准目标 C 点,读数 c_L 并记入手簿。则盘左所测水平角为:

$$\beta_L = c_L - a_L \quad (2-7)$$

(3)松开制动螺旋将仪器换为盘右位。先照准 C 目标,读数 c_R;再逆时针转动照准部,直至照准目标 A,读数 a_R,计算盘右水平角为:

$$\beta_R = c_R - a_R \quad (2-8)$$

(4)计算一测回角度值。当上下半测回值之差在 $±40''$ 内时,取两者的平均值作为角度测量值;若超过此限差值应重新观测。即一测回的水平角值为:

$$\beta = \frac{\beta_L + \beta_R}{2} \quad (2-9)$$

当测角精度要求较高时,可以观测多个测回,取其平均值作为水平角测量的最后结果。为了减少度盘刻划不均匀所产生的误差,在进行不同测回观测角度时,应利用仪器上的换盘手轮装置来配置每测回的水平度盘起始读数,DJ6 型仪器每个测回间应按 $180°/n$ 的角度间隔值变换水平度盘位置。例如:若某角度需测 4 个测回,则各测回开始时其水平度盘应分别设置成略大于 $0°$、$45°$、$90°$ 和 $135°$。

测回法测水平角记录手簿　　　　　　　表2-6

测站	竖盘位置	目标	水平度盘读数 (° ′ ″)	半测回角值 (° ′ ″)	一测回 平均值 (° ′ ″)	各测回 平均值 (° ′ ″)
O	左	A	00 02 36	95 00 12	95 00 18	95 00 09
		B	95 02 48			
	右	B	275 03 18	95 00 24		
		A	180 02 54			
O	左	A	90 01 00	94 59 54	95 00 00	
		B	185 00 54			
	右	B	05 01 00	95 00 06		
		A	270 00 54			

2. 方向观测法(全圆方向法)

当测站上的目标方向观测数在 3 个或 3 个以上时,一般采用方向观测法。在此仅作简单说明。

如图 2-23 所示,测站点为 O 点,观测方向有 A、B、C、D 四个。为测出各方向相互之间的角值,可用全圆方向法先测出各方向值,再计算各角度值。在 O 点安置经纬仪,盘左位置,瞄准第一个目标(在 A、B、C、D 四个目标中选择一个标志十分清晰且通视好的点作为零方向),此处选 A 作为第一目标,通常称为零方向,旋紧水平制动螺旋,转动水平微动螺旋精确瞄准,转动度盘变换器使水平度盘读数略大于 $0°$,再检查望远镜是否精确瞄准,然后读数,零方向读数与置数之差不超过测微器增量的一半。顺时针方

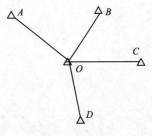

图 2-23　方向观测法

向旋转照准部,依次照准 B、C、D 等点,最后闭合到零方向 A(这一步骤称为"归零"),所有读数依次记在手簿中相应栏内。

纵转望远镜,逆时针方向旋转照准部1~2周后,精确照准零方向 A,读数。再逆时针方向转动照准部,按上半测回的相反次序观测 D、C、B,最后观测至零方向 A(即归零)。同样,将各方向读数值记录在手簿中。

3. 水平角施测注意事项

(1)仪器高度要和观测者的身高相适应;三脚架要踩实,仪器与脚架连接要牢固,操作仪器时不要用手扶三脚架;转动照准部和望远镜之前,应先松开制动螺旋,使用各种螺旋时用力要轻。

(2)精确对中,特别是对短边测角,对中要求应更严格。

(3)当观测目标间高低相差较大时,更应注意仪器整平。

(4)照准标志要竖直,尽可能用十字丝交点瞄准标杆或测钎底部。

(5)记录要清楚,应当场计算,发现错误,立即重测。

(6)一测回水平角观测过程中,不得再调整照准部管水准气泡,如气泡偏离中央超过两格时,应重新对中与整平仪器,重新观测。

五、竖直角观测

1. 竖直角测量原理

竖直角是同一竖直面内目标方向与水平方向之间的夹角,也称为地面直线的高度角,简称竖角,一般用 α 表示。若地面直线的视线方向上倾,则直线的竖角为仰角,符号为正;反之,直线的视线方向下倾所构成的竖角为俯角,符号为负,角值都是 $0°\sim90°$,见图2-24。另外,地面目标直线方向与该点的天顶方向(即铅垂线的反方向)所构成的角,称为地面直线的天顶距,一般用 Z 表示,其大小从 $0°\sim180°$,没有负值。

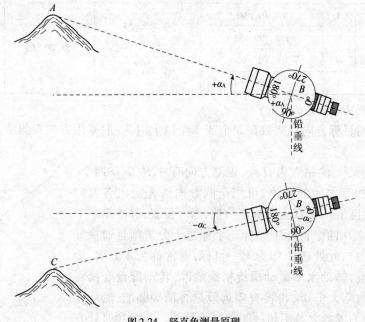

图2-24 竖直角测量原理

依据竖直角定义,测定竖直角也与测量水平角一样,其角值大小应是度盘上两个方向读数之差。所不同的是在测量竖直角时,两个方向中必须有一个是水平方向。由于其方向是统一规定的,因而在制作竖直度盘时,不管竖盘的注记方式如何,当视线水平时,都可以将水平方向的竖盘读数注记为固定值。正常状态下,注记为90°的整数倍。因此,在具体测量某一目标方向的竖直角时,只需对视线所指向的目标点照准并读取竖盘读数,即可计算出目标直线的竖直角。

2. 竖直角的用途

竖直角主要用于将观测的倾斜距离换算为水平距离或计算三角高程。

(1)倾斜距离换算为水平距离。

如图 2-25 所示,测得 A、B 两点间的斜距 S 和竖直角 α,则其两点间的水平距离 D 为:

$$D = S\cos\alpha \tag{2-10}$$

(2)计算三角高程。

如图 2-26 所示,当用水准测量方法测定 A、B 两点间的高差 h_{AB} 有困难时,可以利用图中测得的斜距 S、竖直角 α、仪器高 i、目标高 v,按式(2-11)计算出高差 h_{AB}:

$$h_{AB} = S\sin\alpha + i - v \tag{2-11}$$

当已知 A 点的高程 H_A 时,则 B 点的高程 H_B 为:

$$H_B = H_A + h_{AB} = H_A + S\sin\alpha + i - v \tag{2-12}$$

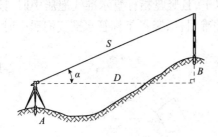

图 2-25 水平距离的计算

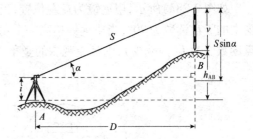

图 2-26 三角高程的计算

三角高程测量方法是一种很实用的高程测量方法,特别是在山地、丘陵地区,工作起来极为方便,由于该种测量方法的重要性和实用性,目前其在各种测量工作中被大量使用全站仪。

3. 竖盘的构造

如图 2-27 所示,经纬仪竖盘安装在望远镜横轴一端并与望远镜连接在一起,这样,竖盘可随望远镜一起绕横轴旋转,且竖盘面垂直于横轴。

竖盘读数指标与其读数指标管水准器(或竖盘指标自动补偿装置)连接在一起,旋转竖盘管水准器微动螺旋将带动竖盘指标管水准器和竖盘读数指标一起做微小的转动。

竖盘的注记形式较多,目前常见的注记形式为全圆注记,即竖盘注记为0°~360°,分顺时针和逆时针注记两种形式,本书仅以顺时针注记的

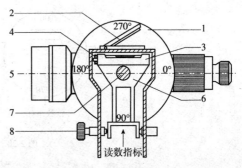

图 2-27 竖盘的构造

1-竖直度盘;2-竖盘指标管水准器反射镜;3-竖盘指标管水准器;4-竖盘指标管水准器校正螺栓;5-望远镜视准轴;6-竖盘指标管水准器支架;7-横轴;8-竖盘指标管水准器微动螺旋

竖盘形式为例予以介绍。竖盘读数指标的正确位置是：当视线水平，望远镜处于盘左且竖盘指标管水准气泡居中时，读数窗中的竖盘读数应为90°(有些仪器设计为0°，本书约定为90°)。

4. 竖直角和指标差的计算公式

(1) 竖直角的计算。

竖直角(高度角)是在同一竖直面内目标方向与水平方向间的夹角。所以要测定某目标的竖直角，也是测定两个目标方向的竖盘读数之差。不过对于任何形式的竖盘，当视线水平时，无论是盘左还是盘右，水平方向的竖盘读数已设为固定值，正常状态下应为90°的整数倍。所以测量地面直线的竖角时只需对视线指向的目标进行观测读数即可。

以仰角为例，只需先将望远镜放在大致水平的位置，然后观察竖盘读数，再使望远镜逐渐上倾，继续观察竖盘读数是增加还是减少，便可得出竖角计算的通用公式。

① 当望远镜视线上倾，竖盘读数增加，则：

竖角 α = 瞄准目标时的竖盘读数 − 视线水平时的竖盘读数

② 当望远镜视线上倾，竖盘读数减少，则：

竖角 α = 视线水平时的竖盘读数 − 瞄准目标时的竖盘读数

现以常用的J6光学经纬仪的竖盘注记为顺时针方向为例来介绍其计算公式。

如图2-28a)所示，望远镜为盘左位置，当视线水平，且竖盘指标管水准气泡居中时，读数窗中的竖盘读数为90°；当望远镜抬高一个角度 α 照准目标，竖盘指标管水准气泡居中时，竖盘读数设为 L（为减少），则盘左观测的竖角为：

$$\alpha_L = 90° - L \tag{2-13}$$

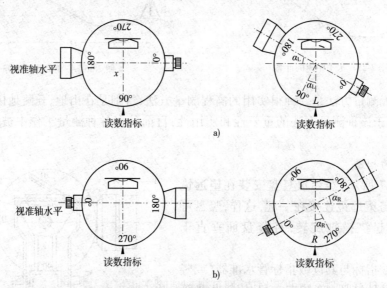

图2-28 竖角(高度角)计算
a) 盘左；b) 盘右

如图2-28b)所示，纵转望远镜成盘右位置，当视线水平，且竖盘指标管水准气泡居中时，读数窗中的竖盘读数为270°；当望远镜抬高一个角度 α 照准目标，竖盘指标管水准气泡居中时，竖盘读数为 R（为增加），则盘右观测的竖角为：

$$\alpha_R = R - 270° \tag{2-14}$$

将盘左、盘右观测的竖角 α_L 和 α_R 取平均值,即得此种竖盘注记形式下竖角 α 为:

$$\alpha = \frac{1}{2}(\alpha_L + \alpha_R) = \frac{1}{2}[(R-L) - 180°] \tag{2-15}$$

由式(2-15)计算出的值为正时,α 为仰角;为负时,α 为俯角。

(2)指标差的计算。

当望远镜成视线水平状态,且竖盘指标管水准气泡居中时,读数窗中的竖盘读数为 90°(盘左)或 270°(盘右)的情形,称为竖盘指标管水准器和竖盘读数指标关系正确。但对于通常使用的经纬仪来讲,两者间的关系并非处于绝对的正确位置。当竖盘指标管水准器和竖盘读数指标关系不正确时,则在望远镜视线水平且竖盘指标管水准气泡居中的情形下,读数窗中的竖盘读数相对于正确值 90°(盘左)或 270°(盘右)就有一个小的角度偏差 x,见图 2-29,称为竖盘指标差。

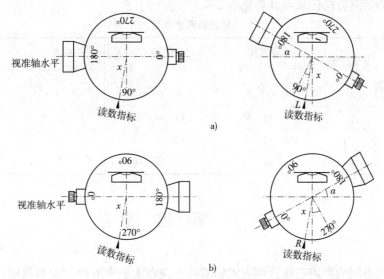

图 2-29 有指标差 x 的竖角计算
a) 盘左; b) 盘右

设所测竖角的正确值为 α,则考虑指标差 x 的竖角计算公式为:

$$\alpha = 90° + x - L = \alpha_L + x \tag{2-16}$$

$$\alpha = R - (270° + x) = \alpha_R - x \tag{2-17}$$

上两式相减,即可计算出指标差 x 为:

$$x = \frac{1}{2}(\alpha_R - \alpha_L) = \frac{1}{2}(R + L) - 180° \tag{2-18}$$

取盘左与盘右所测竖角的平均值,即可得到消除了指标差 x 的竖角 α。但对 J6 经纬仪而言,其指标差 x 变化容许值不得大于 25″。

5. 竖直角的观测、记录与计算

竖直角观测须用横丝瞄准目标的特定位置,例如标杆的顶部或标尺上的某一位置。地面目标直线的竖直角一般用测回法观测,竖直角观测的操作程序如下:

(1)在测站点上安置好经纬仪,对中、整平,并用小钢尺量出仪器高。仪器高是测站点标志顶部到经纬仪横轴中心的垂直距离。

(2) 盘左瞄准目标,使十字丝横丝切于目标某一位置,旋转竖盘指标管水准器微动螺旋使竖盘指标管水准气泡居中,读取竖直度盘读数。将数据记录于手簿,按式(2-13)计算盘左竖角:

$$\alpha_L = 90° - L$$

(3) 盘右瞄准目标,使十字丝横丝切于目标同一位置,旋转竖盘指标管水准器微动螺旋使竖盘指标管水准气泡居中,读取竖直度盘读数。将数据记录于手簿,按式(2-14)计算盘右竖角:

$$\alpha_R = R - 270°$$

(4) 当指标差 x 变化值在规定的限差内时,按式(2-15)计算竖角的一测回值为:

$$\alpha = \frac{1}{2}(\alpha_L + \alpha_R) = \frac{1}{2}[(R - L) - 180°]$$

竖直角的观测数据记录及计算见表2-7。

竖直角观测手簿 表2-7

测站	目标	竖盘位置	竖盘读数 (° ′ ″)	半测回竖直角 (° ′ ″)	指标差 (″)	一测回竖直角 (° ′ ″)
O	A	左	70 18 36	19 41 24	+3	19 41 27
		右	289 41 30	19 41 30		
	B	左	120 15 30	-30 15 30	-3	-30 15 33
		右	239 44 24	-30 15 36		

第三节 距 离 测 量

地面上两点间的距离是指这两点沿铅垂线方向在大地水准面上投影点间的弧长。在测区面积不大的情况下,可用水平面代替水准面。两点间连线投影在水平面上的长度为水平距离;不在同一水平面上的两点间连线的长度称为两点间的倾斜距离。

测量地面两点间的水平距离是确定地面点位的基本测量工作之一。距离测量的方法有多种,常用的距离测量方法有:钢尺量距、视距测量、光电测距。可根据不同的测距精度要求和作业条件(仪器、地形)选用测量工具和方法。

一、钢尺量距的工具和设备

钢尺量距常用测量工具和设备有钢尺、标杆、测钎和垂球等。

1. 钢尺

钢尺是采用经过一定处理的优质钢制成的带状尺,卷放在金属架上或圆形盒内,长度通常有20m、30m和50m等几种。钢尺按零点位置的不同分为端点尺和刻线尺。如图2-30a)所示,端点尺的零点是以尺的最外端为起始,此种类型的钢尺从建筑物的竖直面接触量起较为方便;刻线尺是以尺上第一条分划线作为尺子零点,此种尺丈量时,用零点分划线对准丈量对象的起始点位较为准确、方便,如图2-30b)所示。

有的尺基本分划为厘米,适用于一般量距;有的尺基本分划为毫米,适用于较精密的量距。由于钢尺较薄,性脆易折,应防止打结和车轮碾压。钢尺受潮易生锈,应防雨淋、水浸。

2. 测钎

测钎一般用长 25~35cm、直径为 3~4mm 的铁丝制成,见图 2-31a),一端卷成小圆环,便于套在另一铁环内,以 6 根或 11 根为一串,另一端磨削成尖锥状,以便插入地里。测钎主要用来标定整尺端点位置和计量丈量的整尺数。

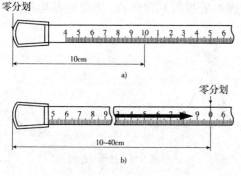

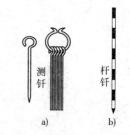

图 2-31 钢尺量距的配套工具

图 2-30 钢尺类型
a) 端点尺; b) 刻线尺

3. 标杆

标杆又称花杆,多数用圆木杆制成,也有金属制的圆杆。标杆全长 2~3m,杆上涂以红、白相间的两色油漆,间隔长为 20cm,见图 2-31b)。杆的下端有铁制的尖脚,以便插入土地内。标杆是一种简单的测量照准标志,在丈量中用于直线定线和投点。

4. 垂球

垂球也称线垂,为铁制圆锥状。距离丈量时利用其吊线为铅垂线之特性,用于铅垂投点位及对点、标点。

二、普通钢尺量距施测方法及步骤

钢尺量距工作一般需要 3 人,分别担任前司尺员、后司尺员和记录员。丈量方法因地形而有所不同。

1. 直线定线

当两点间的距离较长或地势起伏较大时,为能沿着直线方向进行距离丈量工作,需在直线方向线上标定若干个点,它既能标定直线,又可作为分段丈量的依据,这种在直线方向上标定点位的工作称为直线定线。直线定线根据精度要求不同,可分为标杆定线、细绳定线和经纬仪定线。

(1) 标杆定线(又称目估定线)。如图 2-32 所示,A、B 为地面上待量距的两个端点,为进行钢尺量距,需在 AB 直线上定出 1、2 等点。先在 A、B 两点竖立标杆,甲站在 A 点标杆后约 1m 处,用眼自 A 点标杆的一侧照准 B 点标杆的同一侧形成视线,乙按甲的指挥左右移动标杆,当标杆的同一侧移入甲的视线时,甲喊"好",乙在标杆处插上测钎即为 1 点。同法可定出后续各点。直线定线一般应由远到近,即先定点 1,再定点 2,如果需将 AB 直线延长,也可按上述方法将 1、2 等点定在 AB 的延长线上。定线两点之间的距离要稍小于一整尺长,此项工作一般与丈量同时进行,即边定线边丈量。

(2)细绳定线(又称拉线定线)。定线时,先在直线 A、B 两点间拉一细绳,然后沿着细绳,按照定线点间距要稍小于一整尺子长的要求,定出各中间点,并作上相应标记。

(3)经纬仪定线。如图 2-33 所示,欲在 AB 直线上定出 1、2 等点,可利用经纬仪建立地面直线视线方向,并在地上投出中间点得到。甲在 A 点安置经纬仪,对中、整平后,用望远镜照准 B 点处竖立的标志,固定仪器照准部,将望远镜俯向 1 点处投测,指挥乙手持标志(测钎或标杆)移动,当标志与十字丝竖丝重合时,将标志立在直线上 1 点处。其他 2、3 等点的投测,只需将望远镜的俯、仰角度变化,即可向近处或远处投得其他各点,使投测点均在 AB 直线上。

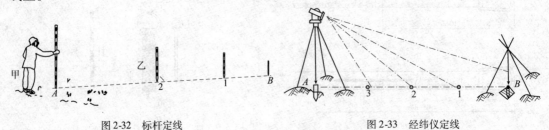

图 2-32　标杆定线　　　　　图 2-33　经纬仪定线

2. 钢尺量距

(1)平坦地面量距。

①量距方法。如图 2-34 所示,欲测量 A、B 两点之间的水平距离,应先在 A、B 外侧各竖立一根标杆,作为丈量时定线的依据,清除直线上的障碍物以后,即可开始丈量。丈量时,后司尺员持钢尺零端,站在 A 点处,前司尺员持钢尺末端并携带一组测钎沿丈量方向(AB 方向)前进,行至刚好为一整尺长处停下,拉紧钢尺。后司尺员用手势指挥前司尺员持尺左、右移动,使钢尺位于 AB 直线方向上。然后,后司尺员将尺零点对准 A 点,当两人同时用力将钢尺拉紧、拉稳时,后司尺员发出"预备"口令,此时前司尺员在尺的末端刻划线处,竖直地插下一测钎,并喊"好",即量完了第一个整尺段。接着,前、后司尺员将尺举起前进。同法,量出第二个整尺段,依次继续丈量下去,直至最后不足一整尺段的长度(称为余长,一般记为 q)为止。丈量余长时,前司尺员将尺上某一整数分划对准 B 点,由后司尺员对准第 n 个测钎点,并从尺上读出读数,两数相减,即可求得不足一尺段的余长,则 A、B 两点之间的水平距离为:

$$D_{AB} = n \times l + q$$

其中,n 为整尺段数;l 为整尺的名义长度;q 为余长。

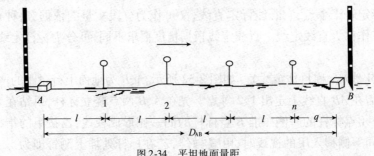

图 2-34　平坦地面量距

②量距精度评定。为了防止错误和保证量距精度,应对量测的直线进行往返丈量。由 A 点量至 B 点称为往测,由 B 点量至 A 点称为返测,往返距离较差与平均距离之比称为相对

误差 k，通常把 k 化为一个分子为 1 的分数，以此来衡量距离丈量的精度。计算如下：

$$\overline{D} = \frac{1}{2}(D_{往} + D_{返}) \tag{2-19}$$

$$\Delta D = |D_{往} - D_{返}| \tag{2-20}$$

则：

$$k = \frac{\Delta D}{\overline{D}} = \frac{1}{M} \tag{2-21}$$

其中，$M = \dfrac{\overline{D}}{\Delta D}$。

一般情况下，在平坦地区进行钢尺量距，其相对误差不应超过 1/3 000，在量距困难的地区，相对误差也不应大于 1/1 000。若符合要求，则取往返测量的平均长度作为观测结果；若超过该范围，应分析原因，重新进行测量。

例如，测量 AB 直线，其往测值为 136.392 m，返测值为 136.425 m，则其往返测较差为 $\Delta D = |D_{往} - D_{返}| = 0.033 \mathrm{m}$，平均距离为 136.409 m。量距精度为：

$$k = \frac{0.033}{136.409} \approx \frac{1}{4\ 143}(满足精度要求)$$

钢尺量距丈量数据记录及计算见表 2-8。

普通钢尺量距记录手簿　　　　　　　　　　表 2-8

钢尺长度：$l = 30\mathrm{m}$　　日期：2012 年 11 月 18 日　　组长：×××

直线编号	测量方向	整尺段长 $n \times l$	余长 q	全长 D	往返平均数	精度（k 值）	备注
AB	往	4×30	16.392	136.392	136.409	1/4 134	
	返	4×30	16.425	136.425			
BC	往	3×30	5.123	95.123	95.149	1/1 830	相对误差超限，重测
	返	3×30	5.175	95.175			
CD	往	3×30	5.169	95.169	95.176	1/7 321	
	返	3×30	5.182	95.182			

（2）倾斜地面量距。

①水平量距法（又称平量法）。

在倾斜地面上量距时，若地面起伏不大，可将尺子拉成水平后进行丈量。如图 2-35 所示，欲丈量直线 AB 的水平距离，可将 AB 分成若干小段进行丈量，每段的长度视坡度大小、量距方便而定。在每小段端点插上标杆定线，拔下标杆，再架上竹架挂垂球，使垂球尖对准标杆尖的原有位置，这样各小段的垂球线即落在 AB 直线上，且又可供前司尺员量距读数时作依据。丈量时，目估使尺面水平，按平坦地面量距方法进行，从 A 点开始量起，直至丈量最后一段对准 B 点。各测段丈量结果的总和便是直线 AB 的水平距离。

②倾斜量距法（又称斜量法）。

如果 A、B 两点间有较大的高差，但地面坡度比较均匀，大致成一倾斜面，如图 2-36 所示。可沿地面直接丈量倾斜距离 L，并测定其倾角 α（用经纬仪测竖角）或两点间的高差 h，则可计算出直线的水平距离：

$$D = L\cos\alpha \quad \text{或} \quad D = \sqrt{L^2 - h^2} \qquad (2\text{-}22)$$

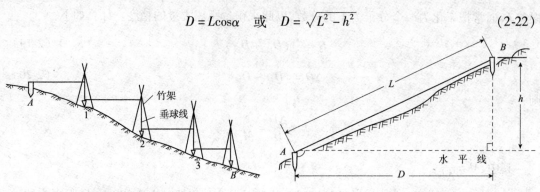

图 2-35 平量法丈量倾斜地面距离　　　　　图 2-36 倾斜量距法

(3)普通钢尺量距注意事项。

①应熟悉钢尺的零点位置和尺面注记。

②前、后司尺员须密切配合,尺子应拉直,用力要均匀,对点要准确,保持尺子水平。读数时应迅速、准确、果断。

③测钎应竖直、牢固地插在尺子的同一侧,位置要准确。

④记录要清楚,要边记录边复诵读数。

⑤注意保护钢尺,严防钢尺打卷、车轧且不得沿地面拖拉钢尺。前进时,应有人在钢尺中部将钢尺托起。

⑥每日用完后,应及时擦净钢尺。若暂时不用时,擦拭干净后,还应涂上黄油,以防生锈。

第四节　直线定向与坐标正反算

在测量工作中,为了把地面上的点位、直线等测绘到图纸上或将图上的点放样到地面上,常要确定点与点之间的平面投影位置关系,要确定这种关系除了需要测量两点间的水平距离以外,还需要知道这条直线在投影面上的方位。一条直线的方向是根据某一基准方向来确定的,确定一条直线与基准方向在投影面上的投影间的夹角工作称为直线定向。

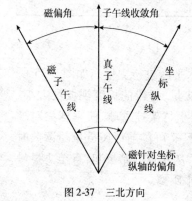

图 2-37 三北方向

一、直线定向的基准方向

基准方向也称为标准方向或起始方向,在直线定向测量工作中,通用的基准方向有真子午线北方向、磁子午线北方向和坐标纵轴北方向,即地面点的三北方向,如图 2-37 所示。

1. 真子午线北方向

过地面某点的真子午线的切线北端所指示的方向,称为该点的真子午线北方向,简称真北方向。真北方向可采用天文测量或用陀螺经纬仪测定。

2. 磁子午线北方向

在地面某点处安置罗盘仪,磁针在地球磁场的作用下自由静止时其磁针北端所指的方向,称为该点的磁子午线北方向,简称磁北方向。磁北方向可用罗盘仪测定。

3. 坐标纵轴北方向

坐标纵轴（X轴）正向所指示的方向，称为坐标纵轴北方向，简称坐标北方向。实用上常取与高斯平面直角坐标系中X坐标轴平行的方向为坐标北方向。若采用独立平面直角坐标系，则取与该坐标纵轴正向平行的方向为坐标北方向。

4. 三北方向间偏角

(1) 子午线收敛角。赤道上各点的真子午线方向是相互平行的，地面上其他各点的真子午线都收敛于地球两极，是不平行的。地面上各点的真子午线北方向与坐标纵线北方向之间的夹角，称为子午线收敛角，一般用γ表示。规定：以中央子午线为中心，在其以东地区，地面点的坐标北方向偏在真子午线的东边，γ为正值；在中央子午线以西地区，地面点的坐标北方向偏在真子午线的西边，γ为负值。

(2) 磁偏角。由于地球磁极与地球的南北极不重合，因此，过地面上一点的磁北方向与真北方向不重合，其间的夹角称为磁偏角，以δ表示。δ的符号规定为：磁北方向在真北方向东侧时，δ为正；磁北方向在真北方向西侧时，δ为负。地球上磁偏角的大小不是固定不变的，而是因地而异的。同一地点，也随时间有微小变化，有周年变化和周日变化。我国的磁偏角的变化范围在$+6°\sim-10°$。

(3) 磁针对坐标纵轴的偏角。坐标纵轴与磁子午线间的夹角称为磁针对坐标纵轴的偏角。

二、直线定向的表示方法

在测量工作中，常用方位角和象限角来表示地面直线的方向。

1. 方位角

由直线一端的基准方向起，顺时针方向旋转至该直线所成的水平角度称为该直线的方位角，方位角的取值是$0°\sim360°$。根据所选基准方向的不同，方位角又分为真方位角、磁方位角和坐标方位角三种。

(1) 真方位角。从直线一端的真北方向起顺时针方向旋转到该直线所成的角度称为该直线的真方位角，用$A_真$表示。

(2) 磁方位角。从直线一端的磁北方向起顺时针旋转到该直线所成的水平角度，称为该直线的磁方位角，用A_m表示。

(3) 坐标方位角。从直线一端的坐标北方向起顺时针旋转到该直线所成的水平角度，称为该直线的坐标方位角，坐标方位角一般用α表示。

2. 象限角

由基准方向的北端或南端起，沿顺时针或逆时针方向量至直线所成的水平角称为该直线的象限角，用R表示，其角值为$0°\sim90°$。因为同样角值的象限角在四个象限中都能找到，所以用象限角定向时，不仅要表示角度的大小，还要注明该直线所在的象限名称，如图2-38所示。

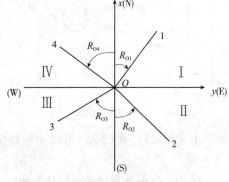

图2-38 象限角

3. 坐标方位角与象限角之间的关系

坐标方位角与象限角之间的关系见表2-9。

坐标方位角与象限角之间的关系　　　　　　　表 2-9

象限	坐标增量	关　系	象限	坐标增量	关　系
I	$\Delta x_{AB}>0, \Delta y_{AB}>0$	$\alpha_{AB} = R_{AB}$	III	$\Delta x_{AB}<0, \Delta y_{AB}<0$	$\alpha_{AB} = 180°+R_{AB}$
II	$\Delta x_{AB}<0, \Delta y_{AB}>0$	$\alpha_{AB} = 180°-R_{AB}$	IV	$\Delta x_{AB}>0, \Delta y_{AB}<0$	$\alpha_{AB} = 360°-R_{AB}$

三、坐标方位角的推算

1. 直线的正、反坐标方位角

测量工作中,直线都是具有一定方向性的,一条直线的坐标方位角,由于起始点的不同存在着两个值,如图 2-39 所示。

A、B 为直线 AB 的两端点,α_{AB} 表示 AB 方向的坐标方位角,α_{BA} 表示 BA 方向的坐标方位角。α_{AB} 和 α_{BA} 互为正、反坐标方位角。若规定从 A 点到 B 点为直线前进方向,则 α_{AB} 称为正坐标方位角,称 α_{BA} 为反坐标方位角。正、反坐标方位角的概念是相对的(相对于前进方向而言)。

由于在一个高斯投影平面直角坐标系内各点处,坐标北方向都是平行的,所以一条直线的正、反坐标方位角互差 180°,即:

$$\alpha_{AB} = \alpha_{BA} \pm 180° \tag{2-23}$$

2. 直线坐标方位角的推算

如图 2-40 所示,已知直线 AB 坐标方位角为 α_{AB},B 点处的转折角为 β,规定测量工作的前进方向为由 A 指向 B 再到 C,按此方向,β 为直线前进方向的左角,则直线 BC 的坐标方位角 α_{BC} 为:

$$\alpha_{BC} = \alpha_{AB} + \beta - 180° \tag{2-24}$$

如图 2-41 所示,按上方向规定,B 点处的转折角 β 为前进方向的右角,则直线 BC 的坐标方位角 α_{BC} 为:

$$\alpha_{BC} = \alpha_{AB} - \beta + 180° \tag{2-25}$$

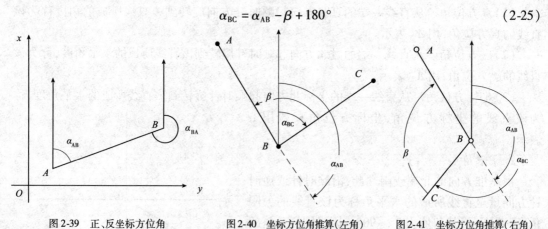

图 2-39　正、反坐标方位角　　　图 2-40　坐标方位角推算(左角)　　　图 2-41　坐标方位角推算(右角)

由式(2-24)、式(2-25)可得出推算坐标方位角的一般公式为:

$$\alpha_{前边} = \alpha_{后边} \pm \beta \pm 180° \tag{2-26}$$

式(2-26)中,β 为左角时,其前取"$+$",β 为右角时,其前取"$-$";如果 $\alpha_{后边} \pm \beta > 180°$,则"180°"前取"$-$";如果 $\alpha_{后边} \pm \beta < 180°$,则"180°"前取"$+$"。如果推算出的坐标方位角大于 360°,则应减去 360°,如果出现负值,则应加上 360°。

四、平面直角坐标正、反算

如图 2-42 所示，设 A 为已知控制点，B 为未知控制点，当 A 点坐标 (x_A, y_A)、A 点至 B 点的水平距离 S_{AB} 和坐标方位角 α_{AB} 均为已知时（假定为无误差），则可求得 B 点坐标 (x_B, y_B)，通常称为坐标正算问题。依据解析几何原理，可计算出 B 点坐标为：

$$\left. \begin{array}{l} x_B = x_A + \Delta x_{AB} \\ y_B = y_A + \Delta y_{AB} \end{array} \right\} \quad (2\text{-}27)$$

式中，

$$\left. \begin{array}{l} \Delta x_{AB} = S_{AB} \cdot \cos\alpha_{AB} \\ \Delta y_{AB} = S_{AB} \cdot \sin\alpha_{AB} \end{array} \right\} \quad (2\text{-}28)$$

所以，式(2-27)也可直接写成：

$$\left. \begin{array}{l} x_B = x_A + S_{AB} \cdot \cos\alpha_{AB} \\ y_B = y_A + S_{AB} \cdot \sin\alpha_{AB} \end{array} \right\} \quad (2\text{-}29)$$

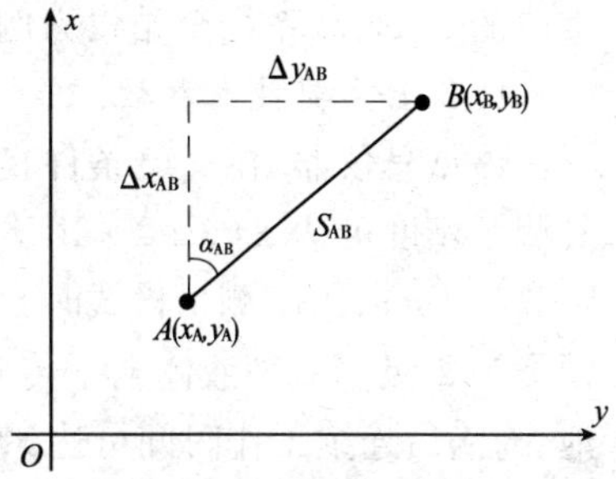

图 2-42 坐标正、反算

式中，Δx_{AB} 和 Δy_{AB} 分别为直线 AB 两端点的纵、横坐标增量。

直线的坐标方位角和水平距离可根据两端点的已知坐标反算出来，这称为坐标反算。如图 2-42 所示，设 A、B 两已知点的坐标分别为 (x_A, y_A) 和 (x_B, y_B)，则直线 AB 的坐标方位角 α_{AB} 和水平距离 S_{AB} 为：

$$\alpha_{AB} = \arctan\frac{\Delta y_{AB}}{\Delta x_{AB}} \quad (2\text{-}30)$$

$$S_{AB} = \frac{\Delta y_{AB}}{\sin\alpha_{AB}} = \frac{\Delta x_{AB}}{\cos\alpha_{AB}} = \sqrt{\Delta x_{AB}^2 + \Delta y_{AB}^2} \quad (2\text{-}31)$$

上两式中，$\Delta x_{AB} = x_B - x_A$，$\Delta y_{AB} = y_B - y_A$。

通过式(2-31)能算出多个 S_{AB}，可作相互校核。

在此指出，式(2-30)中 Δy_{AB}、Δx_{AB} 应取绝对值，计算得到的为象限角 R_{AB}，象限角取值范围为 $0° \sim 90°$，而测量工作通常用坐标方位角表示直线的方向。因此，计算出象限角 R_{AB} 后，应将其转化为坐标方位角 α_{AB}，其转化方法见表 2-10。

象限角 R_{AB} 与坐标方位角 α_{AB} 的关系　　　　　　　　　表 2-10

象限	坐标增量	关　系	象限	坐标增量	关　系
I	$\Delta x_{AB} > 0, \Delta y_{AB} > 0$	$\alpha_{AB} = R_{AB}$	III	$\Delta x_{AB} < 0, \Delta y_{AB} < 0$	$\alpha_{AB} = 180° + R_{AB}$
II	$\Delta x_{AB} < 0, \Delta y_{AB} > 0$	$\alpha_{AB} = 180° - R_{AB}$	IV	$\Delta x_{AB} > 0, \Delta y_{AB} < 0$	$\alpha_{AB} = 360° - R_{AB}$

第五节　全站仪与 GPS 技术

一、全站仪

(一) 全站仪概述

全站仪，即全站型电子速测仪，是一种集光、机、电为一体的高技术测量仪器，是集水平角、垂直角、距离（斜距、平距）、高差测量、坐标测量、放样测量、数据处理和存储等测量工作功能于一体的测绘仪器系统。因其一次安置仪器就可完成该测站上全部测量工作，所以称之为全站仪。目前，全站仪已广泛用于控制测量、碎步测量、施工放样、变形监测等作业中。

（二）全站仪的结构和功能

全站仪的种类很多，但各种型号的仪器结构和功能大致相同，在此以南方测绘仪器公司生产的 NTS660 系列全站仪为例进行介绍。

1. 仪器主要技术参数

该型号仪器，在气象条件良好时，使用一块棱镜的测程为 1.8km；三块棱镜为 2.6km。其测距精度可达 $\pm(2+2\times10^{-6}\times D)$ mm。测距时间：精测模式时，每次用时为 3s，最小显示距离为 1mm；跟踪测量模式时，每次用时为 1s，最小显示距离为 10mm。角度最小读数为 $1''$，精度为 $2''$ 级。双轴液体电子传感补偿，工作范围为 $3'$，精度为 $1''$。配备可充电的镍—氢电池，充满后连续工作时间可达 8h。

2. 全站仪的基本构造和功能

（1）主机部件名称（图 2-43）。

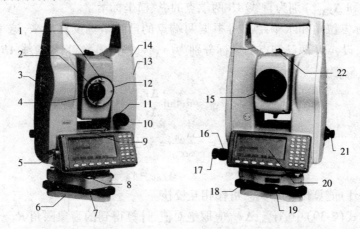

图 2-43　NTS-660 型全站仪

1-望远镜把手；2-目镜调焦螺旋；3-仪器中心标志；4-目镜；5-数据通信接口；6-底板；7-圆水准校正螺旋；8-圆水准器；9-管水准器；10-垂直制动螺旋；11-垂直微动螺旋；12-望远镜调焦螺旋；13-电池 NB-30；14-电池锁紧杆；15-物镜；16-水平微动螺旋；17-水平制动螺旋；18-整平脚螺旋；19-基座固定钮；20-显示屏；21-光学对中器；22-粗瞄准器

（2）操作面板及显示屏（图 2-44）。

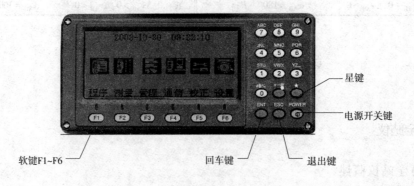

图 2-44　操作面板

①显示屏。一般上面几行显示观测数据,底行显示软键功能,它随测量模式的不同而变化。

②对比度。利用星键(★)可调整显示屏的对比度和亮度。

③显示符号,见表2-11。

显示符号含义　　　　　　　表2-11

符号	含 义	符号	含 义	符号	含 义
V	垂直角	*	电子测距正在进行	SD	斜距
V%	百分度	m	以米为单位	S	单次测量
HR	水平角(右角)	ft	以英尺为单位	N	北向坐标
HL	水平角(左角)	F	精测模式	N	N次测量
HD	平距	T	跟踪模式(10mm)	E	东向坐标
VD	高差	R	重复测量	ppm	大气改正值
Z	天顶方向坐标	psm	棱镜常数值		

(3)操作键,如图2-44和表2-12所示。

操作键功能　　　　　　　表2-12

按 键	名 称	功 能
F1~F6	软键	功能参见所显示的信息
0~9	数字键	输入数字,用于欲置数值
A~Z	字母键	输入字母
ESC	退出键	退回到前一个显示屏或前一个模式
★	星键	用于仪器若干常用功能的操作
ENT	回车键	数据输入结束并认可时按此键
POWER	电源键	控制电源的开/关

(4)功能键(软键)。软键功能标记在显示屏的底行,该功能随测量模式的不同而改变,如图2-45和表2-13所示。

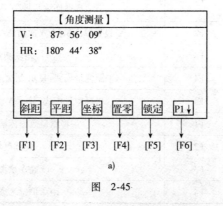

a)

图 2-45

```
      【角度测量】                      【斜距测量】
V ：   87° 56′ 09″              V ：   87° 56′ 09″
HR：  120° 44′ 38″              HR：  120° 44′ 38″
                                SD：
                                                PSM 30
                                                PPM  0
                                                (m) F.R
斜距 平距 坐标 置零 锁定 P1↓    测量 模式 角度 平距 坐标 P1↓
记录 置盘 R/L 坡度 补偿 P2↓     记录 放样 均值 m/ft    P2↓
         b)                              c)

      【平距测量】                      【坐标测量】
V ：   87° 56′ 09″              N ：   12345.578
HR：  120° 44′ 38″              E ：  −12345.678
SD：            PSM 30          Z ：      10.123
VD：            PPM  0                          PSM 30
                (m) F.R                         PPM  0
                                                (m) F.R
测量 模式 角度 斜距 坐标 P1↓    测量 模式 角度 斜距 坐标 P1↓
记录 放样 均值 m/ft    P2↓     记录 放样 均值 m/ft    P2↓
         d)                              e)
```

图 2-45 功能键
a)、b) 角度测量；c) 斜距测量；d) 平距测量；e) 坐标测量

功能键　　　　　　　　　　　　　　　　　　　　表 2-13

模式	显示	软键	功能
角度测量	斜距	F1	倾斜距离测量
	平距	F2	水平距离测量
	坐标	F3	坐标测量
	置零	F4	水平角置零
	锁定	F5	水平角锁定
	记录	F1	将测量数据传输到数据采集器
	置盘	F2	预置一个水平角
	R/L	F3	水平角右角/左角变换
	坡度	F4	垂直角/百分度的变换
	补偿	F5	设置倾斜改正若打开补偿功能，则显示倾斜改正值
斜距测量	测量	F1	启动斜距测量 选择连续测量/N 次(单次)测量模式
	模式	F2	设置单次精测/N 次精测/重复精测/跟踪测量模式
	角度	F3	角度测量模式
	平距	F4	平距测量模式，显示 N 次或单次测量后的水平距离
	坐标	F5	坐标测量模式，显示 N 次或单次测量后的坐标
	记录	F1	将测量数据传输到数据采集器
	放样	F2	放样测量模式
	均值	F3	设置 N 次测量的次数
	m/ft	F4	距离单位米或英尺的变换

续上表

模式	显示	软键	功能
平距测量	测量	F1	启动平距测量 选择连续测量/N次(单次)测量模式
	模式	F2	设置单次精测/N次精测/重复精测/跟踪测量模式
	角度	F3	角度测量模式
	斜距	F4	斜距测量模式,显示N次或单次测量后的倾斜距离
	坐标	F5	坐标测量模式,显示N次或单次测量后的坐标
	记录	F1	将测量数据传输到数据采集器
	放样	F2	放样测量模式
	均值	F3	设置N次测量的次数
	m/ft	F4	米或英尺的变换
坐标测量	测量	F1	启动坐标测量 选择连续测量/N次(单次)测量模式
	模式	F2	设置单次精测/N次精测/重复精测/跟踪测量模式
	角度	F3	角度测量模式
	斜距	F4	斜距测量模式,显示N次或单次测量后的倾斜距离
	平距	F5	平距测量模式,显示N次或单次测量后的水平距离
	记录	F1	将测量数据传输到数据采集器
	高程	F2	输入仪器高/棱镜高
	均值	F3	设置N次测量的次数
	m/ft	F4	米或英尺的变换
	设置	F5	预置仪器测站点坐标

(5)星键(★键)模式。

按下星键★即可看到仪器的若干操作选项。这些选项分两页屏幕显示,如图2-46所示。按[F5](P1↓)键查看第2页屏幕,再按[F5](P2↓)可返回第1页屏幕。

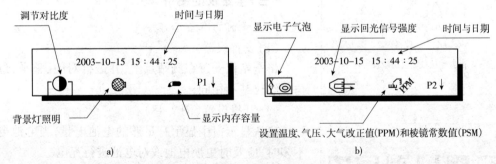

图2-46 星键(★键)模式屏幕显示
a)第1页屏幕;b)第2页屏幕

由星键(★)可作如下仪器操作:
第1页屏幕:

①查看日期和时间。
②显示器对比度调节,[F1]和[F2]。
③显示器背景灯照明的开/关[F3]。
④显示内存的剩余容量[F4]。

第2页屏幕:
⑤电子圆水准器图形显示[F2]。
⑥接收光线强度(信号强弱)显示[F3]。
⑦设置温度、气压、大气改正值(PPM)和棱镜常数值(PSM)[F4]。

3. 全站仪的辅助设备

(1) 反射棱镜。

全站仪在进行距离测量等作业时,需在目标处放置反射棱镜。反射棱镜有单(三)棱镜组,可通过基座连接器将棱镜组与基座连接,再安置到三角架上,也可直接安置在对中杆上。棱镜组由用户根据作业需要自行配置。南方测绘仪器公司生产的棱镜组如图2-47所示。

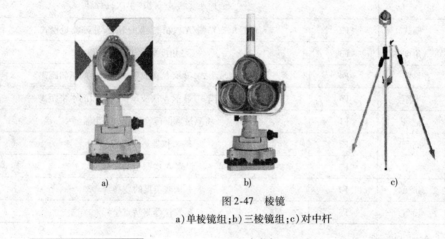

图 2-47 棱镜
a) 单棱镜组;b) 三棱镜组;c) 对中杆

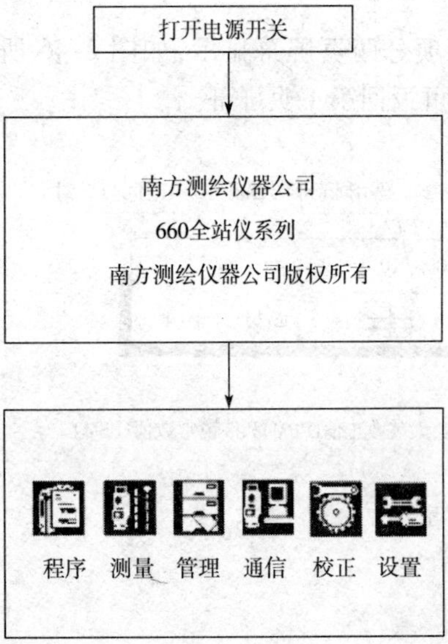

(2) 电源

本机采用可充电镍—氢电池,配用 NC-30 充电器。

(三) 全站仪的使用

1. 测量前的准备工作

(1) 安置仪器。

将全站仪安置在测站点上,并进行对中、整平,过程与经纬仪基本相同。

(2) 开机设置(图2-48)。

确认显示窗中显示有足够的电池电量,当电池电量不多时,应及时更换电池或对电池进行充电。

①设置温度和气压。设置大气改正时,需量取温度和气压,由此即可求得大气改正值。

②设置棱镜常数。南方棱镜的棱镜常数为 -30,因此棱镜常数应设置为 -30。如果使用的是另外厂家的

图 2-48

棱镜,则应预先设置相应的棱镜常数。

2. 角度测量

将测量模式切换为角度测量(一般开机的默认模式为角度测量模式,可以根据工作需要设置开机默认模式)。以下操作均可依据显示屏上的中文操作菜单进行。

(1)水平角(右角)和垂直角测量。

盘左照准后视目标,按[F4](置零)键和[F6](设置)键,设置后视目标的水平角读数为0°00′00″。顺时针旋转照准部,照准前视目标,仪器显示该目标的水平角和垂直角。

(2)水平角测量模式(右角/左角)的转换。

在角度测量模式下,按[F6](P1↓)键,进入第2页显示功能,按[F3]键,水平角测量右角模式转换成左角模式,可依据右角观测方法对左角进行观测。每按一次[F3](R/L)键,右角/左角便依次切换。在参数设置模式,右角/左角转换开关可以关闭。

(3)垂直角与百分度模式的转换。

在角度测量模式下,按[F6](P1↓)键,进入第2页功能菜单,按[F4](坡度)键,每按一次[F4](坡度)键,垂直角显示模式便依次转换。垂直角零起算点位于天顶位置。

3. 距离测量

(1)设置

在角度测量模式下,照准棱镜中心,按[F1](斜距)键或[F2](平距)键,并按[F2](模式)键,选择连续精测模式,显示在窗口第四行右面的字母表示如下测量模式:F:精测模式(这是正常距离测量模式,观测时间约3s,最小显示距离为1mm);T:跟踪模式(此模式测量时间要比精测模式短,主要用于放样测量中,在跟踪运动目标或工程放样中非常有用);R:连续(重复)测量模式;S:单次测量模式;N:N次测量模式。若要改变测量模式,按[F2](模式)键,每按下一次,测量模式就改变一次。

(2)距离测量

当预置了观测次数时,仪器就会按设置的次数进行距离测量并显示出平均距离值。若预置次数为1,则由于是单次观测,故不显示平均距离。仪器出厂时设置的是单次观测。

在角度测量模式下,设置观测次数:按[F1](斜距)键或[F2](平距)键。按[F6](P1↓)键,进入第2页功能;按[F3](均值)键,输入观测次数;按[ENT]键,进行N次观测。照准棱镜中心。按[F1](斜距)键或[F2](平距)键,选择斜距或平距测量模式。显示出平均距离并伴随蜂鸣声,同时屏幕上"*"消失。观测结束后按[F1](测量)键可重新进行测量。若测量结果受到大气折光等因素影响,则自动进行重复观测。按[F3](角度)键返回到角度测量模式。

4. 坐标测量

坐标测量是全站仪的常用功能之一,是根据已知测站点和后视的坐标或已知测站点坐标及后视方位角,通过角度和距离的测量,求出未知点坐标的方法(即极坐标法)。

在程序菜单中按[F6]键,进入该菜单的第2页,再按[F3]键进入放样菜单,按[F3](坐标数据)键。在坐标数据菜单中,按[F3]键,进入采集新点坐标选择项,按[F1](极坐标)键。按[F6]键进行设置后视方位角。输入测站点点号,如作业中没有该点的坐标数据,输入该点坐标。如作业中存在该点的坐标便显示方位角,若后视方位角正确,用仪器瞄准后视点后按[F5](是)键设置后视方位角。输入仪器高,按[ENT]键。输入观测点的点号,按[ENT]键。输入棱镜高并按[ENT]键,用仪器瞄准观测点,按[F5](是)键便进行测量,采集该点坐标。按[F5](是)键保存坐标。屏幕便显示输入另一观测点的点号的输入屏幕。点号自动加一。

5. 后方交会

后方交会程序从存储在作业中的两个已知坐标的点计算新采集点(测站点)的坐标,会显示测站至每一已知点上测量的角度和距离,并显示平距和高差的残差。如果软件不能计算新点的坐标,会显示"错误!"信息。如接受显示的残差,下一屏幕便显示新点的坐标。

将仪器安置在新点上,在程序菜单中按[F6]键,进入该菜单的第 2 页,再按[F3]键进入放样菜单,在显示的放样菜单中按[F3](坐标数据)键。在坐标数据菜单中,按[F3]键,进入采集新点坐标选择项,按[F2](后方交会)键。输入后方交会的测站点点号,按[ENT]键,输入仪器高,按[ENT]键,输入测量的第一个点的点号,该点用于后方交会计算中。输入棱镜高后按[ENT]键。用仪器瞄准第一个观测点,按[F5]键测量角度和距离。显示水平角、平距和高差。输入要测量的第二点点号后并按[ENT]键。输入第二点棱镜高并按[ENT]键,用仪器瞄准第二点,按[F5](是)键便测量角度和距离,显示水平角、平距和高差,在仪器完成测量后,便显示残差,如合格按[F5](是)键后,便显示新的坐标。按[F5]键将该点坐标存储到作业中,按[F6]键重新开始后方交会(后方交会的测量工作原理参见第三章)。

6. 坐标放样

坐标放样就是把一个已知点的坐标在地面上标识出来。按 F1 键进入程序菜单,按 F6 键翻页,选择屏幕上的 F2 键坐标放样,进行放样之前应该新建一个作业来保存我们所测量的数据这样才方便我们调用所测量的数据。选择 F4 选项进入,按 F1 键可以查看内存,上面显示出文件名以及文件里面的坐标点的个数,返回按 ESC 键。选择 F1 键设置方向角,输入测站点的记录号,按 ENT 键,如该点未知,则需要输入测站点的坐标;输入后视点的记录号,输入测站点仪器高,按 ENT 键;输入所放样点的记录号,按 ENT 键;输入放样点的棱镜高,按 ENT 键。进入坐标放样的模式,按 F1 键角度,则显示出仪器望远镜和放样点的夹角,按 F2 键距离,则显示出测站点到放样点的距离,F3 键则可以改变测量的模式如(精测、跟踪)等模式,按 F4 键坐标,可以测量出棱镜点的坐标值,按 F5 键指挥,显示出棱镜到放样点之间的一个差值,通过移动棱镜的位置和不断地测量出棱镜的位置,来逐渐地缩小差值,当测量出来的差值为 0 时,则放样点被找到。放样结束,按 ENT 键。

(四)全站仪使用的注意事项

1. 检验与校正

仪器在出厂时均经过严密的检验与校正,符合质量要求。但仪器经过长途运输或环境变化,其内部结构会受到一些影响。因此,新购买本仪器以及到测区后在作业之前均应对仪器进行检验与校正,以确保作业成果精度。

2. 注意事项

(1)日光下测量应避免将物镜直接对准太阳。建议使用太阳滤光镜以减弱这一影响。

(2)避免在高温和低温下存放仪器,亦应避免温度骤变(使用时气温变化除外)。

(3)仪器不使用时,应将其装入箱内,置于干燥处,并注意防振、防尘和防潮。

(4)若仪器工作处的温度与存放处的温度差异太大,应先将仪器留在箱内,直至适应环境温度后再使用。

(5)若仪器长期不使用,应将电池卸下分开存放,并且电池应每月充电一次。

(6)运输仪器时应将其装于箱内进行,运输过程中要小心,避免挤压、碰撞和剧烈震动。长途运输最好在箱子周围使用软垫。

(7)架设仪器时,尽可能使用木脚架,因为使用金属脚架可能会引起振动影响测量精度。

(8)外露光学器件需要清洁时,应用脱脂棉或镜头纸轻轻擦净,切不可用其他物品擦拭。

(9)仪器使用完毕后,应用绒布或毛刷清除仪器表面灰尘。仪器被雨水淋湿后,切勿通电开机,应用干净软布擦干并在通风处放一段时间。

(10)作业前应仔细全面检查仪器,确定仪器各项指标、功能、电源、初始设置和改正参数均符合要求时再进行作业。

(11)若发现仪器功能异常,非专业维修人员不可擅自拆开仪器,以免发生不必要的损坏。

二、GPS技术

1. GPS简介

GPS又称为全球定位系统(Global Positioning System,简称GPS),是美国从20世纪70年代开始研制,于1994年全面建成,具有海、陆、空全方位实时三维导航与定位能力的新一代卫星导航与定位系统。GPS是由空间星座、地面控制和用户设备三部分构成的。GPS测量技术能够快速、高效、准确地提供点、线、面要素的精确三维坐标以及其他相关信息,具有全天候、高精度、自动化、高效益等显著特点,广泛应用于军事、民用交通(船舶、飞机、汽车等)导航、大地测量、摄影测量、野外考察探险、土地利用调查、精确农业以及日常生活等不同领域。

全球卫星定位系统能独立、迅速和精确地确定地面点的位置,与常规控制测量技术相比,有许多优点:

(1)不要求测站间的通视,因而可以按需布点,且不需建造测站觇标。

(2)控制网的网形已不再是决定精度的重要因素,点与点之间的距离可以自由布设;可以在较短时间内以较少的人力消耗来完成外业观测工作,观测(卫星信号接收)的全天候优势更为显著。

(3)由于GPS接收仪器的高度自动化,内外业紧密结合,软件系统的日益完善,可以迅速提交测量成果。

(4)精度高,用载波相位进行相对定位,可达到$\pm(5mm + 1ppm \times D)$的精度。

(5)节省经费和工作效率高,用卫星定位技术建立测量控制网,要比常规测量技术节省70%~80%的外业费用;同时,由于作业速度快,工期大大缩短,所以经济效益显著。

2. 全球卫星定位系统的组成

全球卫星定位系统由三部分组成,即空中GPS卫星星座、地面监控部分和用户设备部分(GPS接收机)。

(1)GPS卫星星座。

GPS卫星星座由24颗卫星构成,其中21颗工作卫星,3颗备用卫星,24颗卫星均匀分布在 6 个轨道面上,轨道面倾角为 55°,各轨道面之间相距 60°,轨道平均高度 20 200km,卫星运行周期为 11 小时 58 分 12(恒星时)。此种 GPS 卫星星座卫星的空间布置,保证了在地球上任何地点、任何时刻至少均能同时观测到 4 颗(及以上)卫星,以满足精密导航与定位的需要。每颗 GPS 卫星上装备有 4 台高精度原子钟,它为卫星定位提供高精度的时间标准,另外还携带无线电信号收发机和微处理机等设备。

所谓恒量时(ST),由春分点的周日视运动所确定的时间,它是以地球自转周期为基础,并与地球自转角度相对应的一种时间系统。春分点连续两次通过本地子午圈的时间间隔为一恒星日,含 24 恒星时,所以恒星时在数值上等于春分点相对于本地子午圈的时角。一恒时为 60 恒星分,一恒星分为 60 恒星秒。

(2)地面监控部分。

地面监控部分主要由分布在全球的 9 个地面站组成,其中包括卫星监测站、主控站和信息注入站。监控站 5 个,在主控站的直接控制下对 GPS 卫星进行连续观测和收集有关的气象数据,进行初步处理并储存和传送到主控站,用以确定卫星的精密轨道。主控站 1 个,协调和管理所有地面监控系统的工作,推算各卫星的星历、钟差和大气延迟修正参数,并将这些数据和管理指令送至注入站。注入站 3 个,在主控站的控制下,将主控站传来的数据和指令注入到相应卫星存储器,并监测注入信息的正确性。

(3)GPS 接收机。

GPS 接收机包括接受机主机、天线和电源,其主要功能是接收 GPS 卫星发射的信号,以获得必要的导航和定位信息及观测量,并经初步数据处理而实现实时导航和定位。目前国内常用的静态定位 GPS 接收机主要有 Trimble、Leica、Ashtech、Novatel、Sokkia、中海达、南方等厂家生产的接收机。

3. GPS 的基本定位原理

GPS 定位的基本原理是根据高速运动的卫星瞬间位置作为已知的起算数据,采用空间距离后方交会的方法,确定待测点的位置。如图 2-49 所示,假设 t 时刻在地面待测点上安置 GPS 接收机,可以测定 GPS 信号到达接收机的时间 Δt,再加上接收机所接收到的卫星星历等其他数据可以确定以下四个方程式:

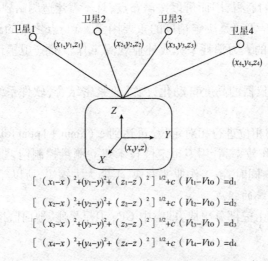

$$[(x_1-x)^2+(y_1-y)^2+(z_1-z)^2]^{1/2}+c(V_{t1}-V_{t0})=d_1$$
$$[(x_2-x)^2+(y_2-y)^2+(z_2-z)^2]^{1/2}+c(V_{t2}-V_{t0})=d_2$$
$$[(x_3-x)^2+(y_3-y)^2+(z_3-z)^2]^{1/2}+c(V_{t3}-V_{t0})=d_3$$
$$[(x_4-x)^2+(y_4-y)^2+(z_4-z)^2]^{1/2}+c(V_{t4}-V_{t0})=d_4$$

图 2-49 GPS 定位原理图

上述四个方程式中待测点坐标 x、y、z 和 V_{t0} 为未知参数，其中 $d_i = c\Delta t_i (i=1、2、3、4)$；$d_i (i=1、2、3、4)$ 分别为卫星1、卫星2、卫星3、卫星4到接收机之间的距离；$\Delta t_i (i=1、2、3、4)$ 分别为卫星1、卫星2、卫星3、卫星4的信号到达接收机所经历的时间；c 为GPS信号的传播速度(即光速)。

四个方程式中各个参数意义如下：

x、y、z 为待测点坐标的空间直角坐标。

x_i、y_i、$z_i (i=1、2、3、4)$ 分别为卫星1、卫星2、卫星3、卫星4在 t 时刻的空间直角坐标，可由卫星导航电文求得；$V_{ti} (i=1、2、3、4)$ 分别为卫星1、卫星2、卫星3、卫星4的卫星钟的钟差，由卫星星历提供；V_{t0} 为接收机的钟差。由以上四个方程即可解算出待测点的坐标 x、y、z 和接收机的钟差 V_{t0}。

事实上，接收机往往可以锁住4颗以上的卫星，这时，接收机可按卫星的星座分布分成若干组，每组4颗，然后通过算法挑选出误差最小的一组用作定位，从而提高精度。

4. GPS测量实施

GPS测量实施过程与常规测量一样，包括方案设计、外业测量和内业数据处理三部分。测量工作主要分测前、测中和测后三个阶段进行。

(1)测前工作。

①项目的提出。一项GPS测量工程项目，往往是由工程发包方、上级主管部门或其他单位或部门提出，由GPS测量队伍具体实施。对于一项GPS测量工程项目，一般有如下一些要求：

a. 测区位置及其范围：测区的地理位置、范围，控制网的控制面积。

b. 用途和精度等级：控制网将用于何种目的，其精度要求是多少，要求达到何种等级，点位分布及点的数量。

c. 控制网的点位分布、点的数量及密度要求：是否有对点位分布有特殊要求的区域。

d. 提交成果的内容：用户需要提交哪些成果，所提交的坐标成果分别属于何种坐标系，所提交的高程成果分别属于哪种高程系，除了提交最终的结果外，是否还需要提交原始数据或中间数据等。

e. 时限要求：对提交成果的时限要求，即何时是提交成果的最后期限。

f. 投资经费：对工程的经费投入数量。

②技术设计。负责GPS测量的单位在获得了测量任务后，需要根据项目要求和相关技术规范进行测量工程的技术设计。

③测绘资料的收集与整理。在开始进行外业测量之前，收集与整理现有测绘资料也是一项极其重要的工作。需要收集整理的资料主要包括测区及周边地区可利用已知点的相关资料(点之记、坐标等)和测区的地形图等。

④仪器的检验。对将用于测量的各种仪器包括GPS接收机及相关设备、气象仪器等进行检验，以确保仪器能够正常工作。

⑤踏勘、选点埋石。在完成技术设计和测绘资料的收集与整理后，需要根据技术设计的要求对测区进行踏勘，并进行选点、埋石工作。

(2)测量实施中的工作。

①实地了解测区情况。由于在很多情况下，选点、埋石和测量是分别由两个不同的队伍或两批不同的人员完成的，因此，当负责GPS测量作业的队伍到达测区后，需要先对测区的

情况作一个详细的了解。主要了解的内容包括点位情况(点的位置、上点的难度等)、测区内经济发展状况、民风民俗、交通状况及测量人员生活安排等。这些对于今后测量工作的开展是非常重要的。

②卫星状况预报。根据测区的地理位置和最新的卫星星历,对卫星状况进行预报,作为选择合适的观测时间段的依据。所需预报的卫星状况有卫星的可见性、可供观测的卫星星座、随时间变化的PDOP值、随时间变化的RDOP值等。对于个别有较多或较大障碍物的测站,需要评估障碍物对GPS观测可能产生的不良影响。

③确定作业方案。根据卫星状况、测量作业的进展情况,以及测区的实际情况,确定出具体的作业方案,以作业指令的形式下达给各个作业小组,根据情况,作业指令可逐天下达,也可一次下达多天的指令。作业方案的内容包括作业小组的分组情况、GPS观测的时间段以及测站等。

④外业观测。各GPS观测小组在得到作业指挥员所下达的作业指令后,应严格按照作业指令的要求进行外业观测。在进行外业观测时,外业观测人员除了严格按照作业规范、作业指令进行操作外,还要根据一些特殊情况,灵活地采取应对措施。在外业工作中常见的情况有不能按时开机、仪器故障和电源故障等。

外业作业同时,应做好测站记录,包括控制点点名、接收机序列号、仪器高、开关机时间等相关的测站信息。

⑤数据传输与转储。在一段外业观测结束后,应及时地将观测数据传输到计算机中,并根据要求进行备份,在数据传输时需要对照外业观测记录手簿,检查所输入的记录是否正确。数据传输与转储应根据条件,及时进行。

⑥基线处理与质量评估。对所获得的外业数据及时地进行处理,解算出基线向量,并对解算结果进行质量评估。作业指挥员需要根据基线解算情况作下一步GPS观测作业的安排,重复确定作业方案、外业观测、数据传输与转储、基线处理与质量评估四步,直至完成所有GPS观测工作。

(3)测后工作。

①结果分析(网平差处理与质量评估)。对外业观测所得到的基线向量进行质量检验,并对由合格的基线向量所构建成的GPS基线向量网进行平差解算,得出网中各点的坐标成果。如果需要利用GPS测定网中各点的正高或正常高,还需要进行高程拟合。

②技术总结。根据整个GPS网的布设及数据处理情况,进行全面的技术总结。

③成果验收。按照GPS测量规范要求对测量成果进行验收。

第六节　测量误差的基本知识

一、测量误差概述

1. 测量误差的概念

测量实践表明,在测量工作中,无论测量仪器设备多么精密,观测者多么仔细认真,观测环境多么良好,在测量结果中总是有误差存在。

例如,对某水平角进行多次观测,其观测结果总是不同。又如,观测某一闭合水准路线,高差闭合差也不等于零。也就是说,在进行观测工作时,所测得的这些观测值之间,或观测值和真值之间总会存在着一定程度的差异,这些现象说明观测结果中不可避免地存在着测量误差。

研究测量误差的目的是:分析测量误差产生的原因和性质;掌握误差产生的规律,合理地处理含有误差的测量结果,求出未知量的最可靠值;正确地评定观测值的精度。

2. 测量误差产生的原因

测量误差的来源很多,其产生的原因主要有以下三个方面:

(1)测量仪器、工具误差。测量工作是用测量仪器进行的,但由于测量仪器设计不完善、零件加工有误差、装备调试以及检验校正不够彻底,因而使观测结果收到相应的影响。如测量仪器轴线位置不准确,在观测时必然受其影响,测量结果中就不可避免地存在相应的误差。

(2)观测误差。由于观测者的感觉器官的鉴别能力存在局限性,所以对于仪器的对中、整平、照准、读数等操作,无论怎样仔细地工作都会产生误差。如同一台水准仪在同一把水准尺上读数,两个观测者的读数结果就可能不同。另外,观测者技术熟练程度也会给观测结果带来不同程度的影响。

(3)外界条件引起的误差。进行测量外业观测时所处的自然环境因素,如地形、温度、湿度、风力、气压、阳光照射、大气折光、空气中的粉尘、烟雾等都会对观测结果产生种种影响,而这些因素随时都在变化,因而环境因素对观测结果的影响也随之变化,这就必然使得观测结果含有误差。

综上所述,测量仪器误差、观测误差和外界条件变化是测量误差的主要来源,这三大因素称为观测条件。不论观测条件如何,测量结果中的误差是不可避免的。误差的大小决定观测的精度。凡是观测条件相同的同类观测称为"等精度观测",观测条件不同的同类观测则称为"非等精度观测"。在进行测量工作时,人们总是希望测量误差越小越好。但要真正做到这一点,需要使用高精密度的仪器,采用十分严密的观测方法,成本很高。而实际工作中,根据不同的测量任务,允许测量结果中存在一定程度的测量误差。因此,测量工作的质量目标应是做到将测量误差控制在测量任务相适应的精度要求范围内。

3. 测量误差的分类

测量误差按其产生的原因和对观测结果影响性质的不同,可分为系统误差和偶然误差两大类。

(1)系统误差。

在相同的观测条件下,对某量进行一系列观测,如果观测误差在大小和符号上表现出一致的倾向,或按一定的规律变化,这种误差称为系统误差。

系统误差产生的原因主要是仪器制造或校正不完善、观测人员操作习惯和测量时外界环境的变化等引起的。如,进行钢尺量距时,用名义长度为50m而实际正确长度为50.008m的钢尺,每量一尺段就有使距离量短了0.008m的误差,其量距误差的符号未变,且量距误差与所量距离的长度成正比,可见系统误差具有累积性。又如,当水准仪的视准轴与水准管轴不平行,进行水准测量时就会使水准尺上读数产生误差,这种误差的大小与水准仪到水准尺之间的距离成正比。由此可见,系统误差具有积累性,对测量成果影响很大。但由于系统误差具有同一性、单向性、累积性的特征,因此在实际测量工作时,可以通过采取适当的观测程序、观测方法或计算改正来消除或减弱。例如,在水准测量中采用前后视距相等来消除视准轴与水准管轴不平行而产生的误差,在水平角观测中采用盘左、盘右观测来消除视准轴误差等。

(2)偶然误差。

在相同的观测条件下,对某量进行一系列观测,如果观测误差在大小和符号从表面上看都没有表现出一致的倾向,即表面上没有任何规律性,但就大量观测误差总体而言,又服从于一定的统计规律性,这种误差称为偶然误差。

偶然误差是由人力所不能控制的因素或无法估计的因素(如人眼的分辨能力、仪器的极限精度、气象条件因素等)共同引起的测量误差,其数值正负、大小纯属偶然。如读数的估读误差、望远镜的照准误差、经纬仪的对中误差等。

偶然误差产生的原因是由观测者、仪器和外界条件等多方面引起的,并随各种偶然因素综合影响而不断变化。对于偶然误差,找不到一个能完全消除它的办法,只能够采用多次观测,取其平均值的方法,来抵消一些偶然误差。因此可以说在一切测量结果中不可避免的存在偶然误差。偶然误差是不可避免的,但通过长期的测量研究,发现在相同的观测条件下,多次观测某一量,所出现的偶然误差具有一定统计规律。

为了防止测量错误的发生和提高观测成果的质量,在测量工作中,一般需要对观测对象进行多于必要观测次数的观测,称为"多余观测"。如,一段距离用往、返测量,如果将往测作为必要观测,则返测就属于多余观测;又如,对地面三个点构成的三角形进行平面三角测量,分别在三个点上测量水平角,其中两个角度观测属于必要观测,则第三个角度的观测就属于多余观测。有了多余观测,就可以进行比较,发现观测值中的错误,以便将其剔除和重测。由于观测值中的偶然误差不可避免,有了多余观测,观测值之间必然产生矛盾(出现往返差、不符值、闭合差等),此时,可以根据差值的大小来评定测量的精度。差值如果大到一定程度,就认为观测值超限,不满足精度要求,应予返工重测;差值如果在规范限差值以内,则按偶然误差的规律加以处理,调整差值,以消除误差,最终求得最可靠的数值。

在观测过程中,系统误差与偶然误差是尽管同时产生的,但当系统误差采取了适当的方法加以消除或减小以后,决定观测结果的精度的主要因素就是偶然误差了,偶然误差是影响观测结果精度的主要原因,所以在测量误差理论中研究对象主要是偶然误差。

例如,在相同的观测条件下,对200个三角形的内角进行观测。由于观测值含有偶然误差,致使每个三角形的内角和不都等于180°。设三角形内角和的真值为X,观测值为L,其真值与观测值之差为真误差Δ,用式(2-32)表示为:

$$\Delta_i = X - L_i \qquad (i = 1, 2, \cdots, 200) \qquad (2\text{-}32)$$

由式(2-32)计算出200个三角形内角和的真误差,并取误差区间为0.4″,以误差的大小和正负号,分别统计出它们在各误差区间内的个数V和频率V/n,结果列于表2-14。

从表2-14中可看出,最大误差不超过3.2″,小误差比大误差出现的频率高,绝对值相等的正、负误差出现的个数近于相等。通过大量实验统计结果归纳出偶然误差特性如下:

①在一定的观测条件下,偶然误差的绝对值不会超过一定的限值。

②绝对值小的误差比绝对值大的误差出现的机会多。

③绝对值相等的正负误差出现的机会相同。

④当观测次数无限增多时,偶然误差的算术平均值趋近于零,即：

$$\lim_{n\to\infty}\frac{\Delta_1+\Delta_2+\cdots+\Delta_n}{n}=\lim_{n\to\infty}\frac{[\Delta]}{n}=0 \tag{2-33}$$

上述第四个特性说明,偶然误差具有抵偿性,它是由第三个特性导出的。

偶然误差的区间分布统计　　　　　　　　　　　表 2-14

误差区间(″)	正误差		负误差		合计	
	个数 V	频率 V/n	个数 V	频率 V/n	个数 V	频率 V/n
0.0~0.4	33	0.165	31	0.155	64	0.320
0.4~0.8	26	0.130	25	0.125	51	0.255
0.8~1.2	18	0.090	18	0.090	36	0.180
1.2~1.6	13	0.065	11	0.055	24	0.120
1.6~2.0	8	0.040	7	0.035	15	0.075
2.0~2.4	3	0.015	3	0.015	6	0.030
2.4~2.8	2	0.010	1	0.005	3	0.015
2.8~3.2	0	0	1	0.005	1	0.005
3.2 以上	0	0	0	0	0	0
	103	0.515	97	0.485	200	1.000

对于一系列的观测而言,不论其观测条件是好是差,也不论是对同一个量还是对不同的量进行观测,只要这些观测是在相同的条件下独立进行的,则所产生的一组偶然误差必然都具有上述的四个特性。而且,当观测个数 n 愈多时,这种特性表现愈明显。测量中我们通常采用多次观测,取观测结果的算术平均值,来减少其偶然误差,提高观测成果的质量。

二、衡量精度的指标

精度,就是指观测值误差分布的密集或离散程度,也就是指离散度的大小。不难理解,如果误差分布较为密集,说明小误差出现较多,其整体的离散度较小,表明该组观测值质量较好,观测精度较高;反之,若误差分布较为离散,即离散度较大,则表明该组观测质量较差,其观测精度较低。为了衡量观测值的精度高低,可以通过比较不同观测成果的误差分布来予以判断。测量上将这些误差分布特征称为衡量观测值精度的指标。测量工作中通常采用中误差、容许误差和相对误差作为衡量精度的标准。

1. 中误差

中误差是测量工作中最为常用的衡量精度的标准。

在相同的观测条件下,对某未知量进行 n 次观测,其观测值分别为 l_1、l_2、$\cdots$、l_n,若该未知量的真值为 X,则真值与观测值的差值为真误差: $\Delta_i = X - L_i$,相应的 n 个观测值的真误差分别为 Δ_1、Δ_2、$\cdots$、Δ_n。各真误差平方的平均数的平方根,称为中误差,也称均方误

差,即:

$$m = \pm\sqrt{\frac{[\Delta\Delta]}{n}} = \pm\sqrt{\frac{\Delta_1^2 + \Delta_2^2 + \cdots + \Delta_n^2}{n}} \tag{2-34}$$

式中,m 为观测值的中误差,即该组观测值的每个观测值都具有此 m 值的精度水平。

【例】 设有两组等精度观测列,其真误差分别为:

A 组 $-4''$、$+3''$、$-2''$、$-5''$、$+6''$、$+7''$、$-1''$、$-5''$、$+4$

B 组 $+2''$、$-3''$、$-4''$、$+1''$、$-4''$、$0''$、$+4''$、$+3''$、-2

试求这两组观测值的中误差。

解: $m_1 = \pm\sqrt{\dfrac{16+9+4+25+36+49+1+25+16}{9}} = \pm 4.5''$

$m_2 = \pm\sqrt{\dfrac{4+9+16+1+16+0+16+9+4}{9}} = \pm 2.9''$

比较 m_1 和 m_2 可知,B 组观测值的精度要比 A 组高。

必须指出,在相同的观测条件下所进行的一组观测,它们对应着同一种误差分布,因此,对于这一组中的每一个观测值,虽然各真误差彼此并不相等,有的甚至相差很大,但它们的精度均相同,即都为同精度观测值。

中误差不等于真误差,它是一组真误差的代表值,中误差的大小反映了该组观测值精度的高低,并明显反映观测值中较大误差的影响。

2. 容许误差

由偶然误差的第一特性可知,在一定的观测条件下,偶然误差的绝对值不会超过一定的限值。这个限值就是容许误差。那么此限值有多大呢?根据误差理论和大量的实践证明,在一系列的同精度观测误差中,真误差绝对值大于中误差的偶然误差出现的概率约为 31.7%;而绝对值大于二倍中误差的偶然误差出现的概率约为 4.5%;绝对值大于三倍中误差的偶然误差出现的概率仅有 0.3%,也就是说,在观测次数不多的情况下,大于三倍中误差的偶然误差实际上是不可能出现的。

在现行的测量规范中,取二倍中误差作为观测值的容许误差。即:

$$\Delta_{容} = 2m \tag{2-35}$$

当某观测值的误差超过了容许误差时,认为该误差不符合要求,相应的观测值应舍去不用,并进行重测、补测。

3. 相对误差

在某些情况下,用中误差还不能完全表达出观测值的精度高低。

例如,分别丈量了 200m 及 150m 的两段距离,它们的中误差均为 ±1cm,虽然两者的中误差相同,但前者的精度高于后者。实际上,距离测量的误差与距离大小有关,距离越大,误差的积累越大。为了客观反映实际精度,常采用相对误差。相对中误差是观测值中误差的绝对值与相应观测值的比值,用 k 表示。它是一个无名数,常用分子为 1 的分数表示,即:

$$k = \frac{|m|}{D} = \frac{1}{M} \tag{2-36}$$

在上例中,

$$k_1 = \frac{|m_1|}{D_1} = \frac{0.01}{200} = \frac{1}{20\ 000}$$

$$k_2 = \frac{|m_2|}{D_2} = \frac{0.01}{150} = \frac{1}{15\ 000}$$

可直观地看出,前者的精度高于后者。

在距离测量中,通常用往返测量结果的较差率来衡量,往返测较差与距离平均值之比就是所谓的相对误差。

与相对误差相对应,真误差、中误差、极限误差均称为绝对误差。

第七节　地形图的基本知识

地面上有明显轮廓的,天然形成或人工建造的各种固定物体,如江河、湖泊、道路、桥梁、房屋和农田等称为地物。地球表面的高低起伏状态,如高山、丘陵、平原、洼地等称为地貌。地物和地貌总称为地形。

通过实地测量,将地面上各种地物和地貌沿垂直方向投影到水平面上,并按一定的比例尺,用统一规定的符号和注记,将其缩绘在图纸上,这种表示地物的平面位置和地貌起伏情况的图,称为地形图。在图上主要表示地物平面位置的地形图,称为平面图。

一、地形图的基本知识

1. 地形图比例尺

地形图的比例尺是指地形图上某一线段的长度与地面上相应线段的水平距离之比,一般有数字比例尺和图示比例尺两类。在工程建设中,通常使用的是 1:5 000、1:2 000、1:1 000 和 1:500 这四种大比例尺地形图,此类地形图一般只标注数字比例尺。

数字比例尺取分子为 1,分母为整数的分数表达。

设图上某一直线长度为 d,相应的实地水平距离为 D,则图的比例尺为 $\frac{d}{D} = \frac{1}{M}$,其中,$M = \frac{D}{d}$,为比例尺的分母。该比例尺也可写成 $1:M$,M 越大,分数值越小,则比例尺就愈小。如图 2-50 所示的比例尺为 1:2 000。

2. 比例尺精度

由于人们在图上用肉眼能分辨的最小距离一般为 0.1mm,因此在图上度量或者实地测图描绘时,就只能达到图上 0.1mm 的精确性。我们将图上 0.1mm 长度所代表的实地水平距离称为比例尺精度。显然,地形图比例尺大小不同,其比例尺精度值也不同。根据比例尺精度,可以确定测绘地形图的距离测量精度。例如,测绘 1:1 000 比例尺地形图时,其比例尺精度为 0.1m,故量距的精度只需到 0.1m,因为小于 0.1m 的距离在地形图上是表示不出来的。

比例尺精度对设计用图也有重要的意义。当确定了要表示在图上的地物的最短距离时,也可以根据比例尺精度选定测图的比例尺。例如,若需要表示在图上的地物的最小长度为 0.1m 时,则测图的比例尺不能小于 1:1 000。因为,比例尺小于 1:1 000 的图已不能表示出 0.1m 的长度。也就是说,在工程建设中,欲采用何种测图比例尺,应从工程规划、施工实际需要的精度而定。

3. 地形图的分幅与编号

为了便于测绘、管理和使用地形图,需要将大面积的各种比例尺的地形图进行统一分幅和编号。地形图的分幅方法分两类:一类是按经纬线分幅的梯形分幅法;另一类是按坐标网分幅的矩形分幅法。前者用于国家基本图的分幅,后者则用于工程建设大比例尺图的分幅。

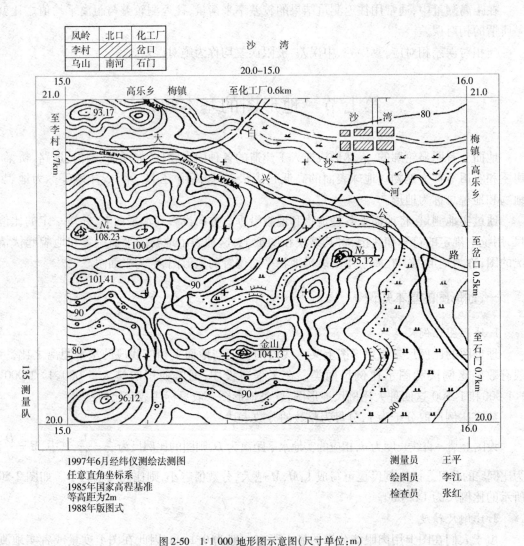

图 2-50 1:1 000 地形图示意图(尺寸单位:m)

大比例尺地形图常采用矩形分幅法,它是按照统一的直角坐标纵、横坐标格网线划。以 1:5 000 地形图为基础进行的正方形分幅。各种大比例尺地形图图幅大小如表 2-15 所示。

几种大比例尺地形图的分幅与面积　　　　表 2-15

比例尺	图幅大小(cm)	实地面积(km²)	1:5 000 图幅内的分幅数	每平方公里图幅数
1:5 000	40×40	4	1	0.25
1:2 000	50×50	1	4	1
1:1 000	50×50	0.25	16	4
1:500	50×50	0.062 5	64	16

图号一般采用该图幅西南角坐标的公里数为编号,x 坐标在前,y 坐标在后,中间有短线连接。如图 2-48 所示,其西面角坐标为 $x = 20.0 \text{km}, y = 15.0 \text{km}$,因此,编号为"20.0 – 15.0"。编号时,1∶500 地形图坐标取至 0.01km,1∶1 000、1∶2 000 地形图取至 0.1km。

如果测区范围比较小,图幅数量少,可采用数字顺序编号法。

4. 地形图图外注记

(1)地形图的图名和图号

每幅地形图都应标注图名,通常以图幅内最著名的地名、厂矿企业或村庄的名称作为图名。图名一般标注在地形图北图廓外上方中央,如图 2-50 所示,图名为"沙湾。

为了区别各幅地形图所在的位置,每幅地形图上都编有图号。图号就是该图幅相应分幅方法的编号,标注在北图廓上方的中央,图名的下方,如图 2-50 所示。

(2)图廓和接合图表

①图廓。图廓是地形图的边界线,有内、外图廓线之分。内图廓就是坐标格网线,也是图幅的边界线,用 0.1mm 细线绘出。在内图廓线内侧,每隔 10cm,绘出 5mm 的短线,表示坐标格网线的位置。外图廓线为图幅的最外围边线,用 0.5mm 粗线绘出。内、外图廓线相距 12mm,在内外图廓线之间注记坐标格网线坐标值,如图 2-50 所示。

②接图表。为了说明本幅图与相邻图幅之间的关系,便于索取相邻图幅,在图幅左上角列出相邻图幅图名,斜线部分表示本图位置,如图 2-50 所示。

在外图廓下面注记比例尺,坐标系统、高程系统、测图时间、右下角为测图人签名等,如图 2-50 所示。

5. 地物符号和地貌符号

地物在地形图上进行表示的一般原则是:凡能按比例尺表示的地物,应将它们的水平投影位置的几何形状依照测图比例尺描绘在地形图上,如建筑物、铁路、双线河等;或将其边界位置按比例尺表示在图上,边界内绘上相应的符号,如果园、森林、农田等。不能按比例尺表示的地物,在地形图上应用相应的地物符号表示出地物的中心位置,如水塔、烟囱、控制点等;凡是长度能按比例尺表示,而宽度不能按比例尺表示的地物,则应将其长度按比例尺如实表示,宽度以相应的符号表示。

地物测绘时,必须根据规定的比例尺,按规范和地形图图式的要求,进行综合取舍,将各种地物表示在地形图上。

(1)地物符号。地形图上表示地物类别、形状、大小和位置的符号称为地物符号。如房屋、道路、河流和森林等均为地物。这些地物在地形图上必须采用国家统一编制的《1∶500、1∶1 000、1∶2 000 地形图图式》等地形图图式中的规定地物符号来表示(表 2-16)。根据地物的大小及描绘方法的不同,地物符号分为比例符号、非比例符号、半比例符号和地物注记。

①比例符号。能将地物的形状和大小按测图比例尺如实缩小,并描绘在图纸上所用规定的符号称为比例符号,如房屋、湖泊、农田等。这些符号与地面上实际地物的形状相似。可以在图上量测地物的面积。

当用比例符号仅能表示地物的形状和大小,而不能表示出其地物类别时,应在轮廓内加绘相应符号,以指明其地物类别。

地 物 符 号　　　　　　表 2-16

编号	符号名称	图　例	编号	符号名称	图　例
1	坚固房屋 4－房屋层数	坚4　　1.5	10	旱地	1.0 凸　　凸 　　2.0　　10.0 凸　　凸 10.0
2	普通房屋 2－房屋层数	2　　1.5	11	灌木林	0.5 ○ 1.0 ○
3	窑洞 1. 住人的 2. 不住人的 3. 地面下的	1 ∩ 2.5　2 ∩ 　2.0 3 ⊓	12	菜地	⊥ 2.0　⊥ 10.0 　2.0 ⊥ 10.0
4	台阶	0.5 0.5　0.5	13	高压线	4.0 ●——●——
5	花圃	1.5 1.5　10.0 10.0	14	低压线	4.0 ○——○——
6	草地	1.5 ‖　　‖ 0.8　10.0 ‖　　‖ 10.0	15	电杆	1.0 ●
			16	电线架	
7	经济作物地	0.8 ↑3.0　↑ 蔗　10.0 ↑　　↑ 10.0	17	砖、石及混凝土围墙	10.0 0.5 10.0　0.3
8	水生经济作物地	3.0 藕 0.5	18	土围墙	10.0 0.5
			19	栅栏、栏杆	1.0 ○——○——○ 10.0
9	水稻田	0.2 2.0 10.0 10.0	20	篱笆	1.0 10.0

续上表

编号	符号名称	图例	编号	符号名称	图例
21	活树篱笆	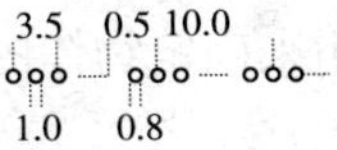 3.5 0.5 10.0 / 1.0 0.8	31	水塔	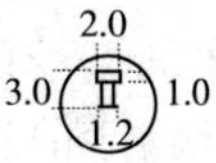 2.0 / 3.0 ○ 1.0 / 1.2
22	沟渠 1. 有堤岸的 2. 一般的 3. 有沟堑的	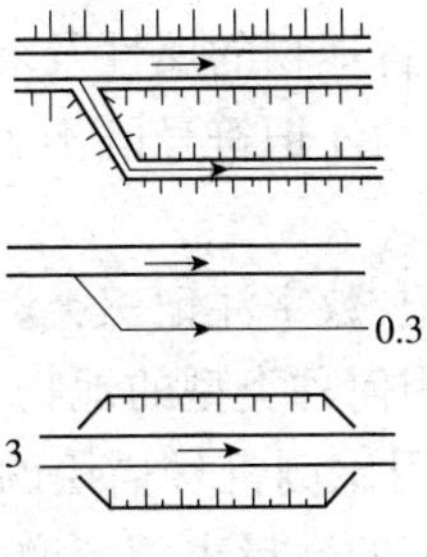 (图示) 0.3	32	烟囱	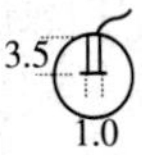 3.5 / 1.0
			33	气象站(台)	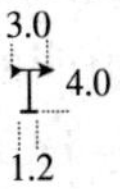 3.0 / 4.0 / 1.2
			34	消火栓	 1.5 / 1.5 ○ 2.0
23	公路	 0.3 沥 砾 / 0.3	35	阀门	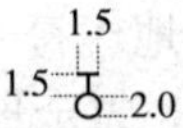 1.5 / 1.5 ○ 2.0
24	简易公路	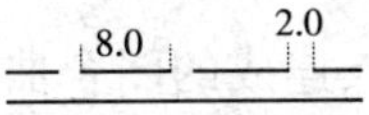 8.0 2.0	36	水龙头	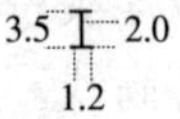 3.5 2.0 / 1.2
25	大车路	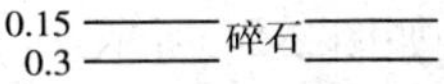 0.15 碎石 / 0.3	37	钻孔	 30 ◎ 1.0
26	小路	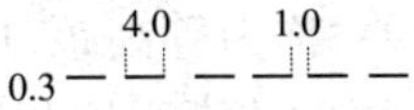 4.0 1.0 / 0.3	38	路灯	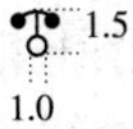 1.5 / 1.0
27	三角点 凤凰山 - 点名 394.468 高程	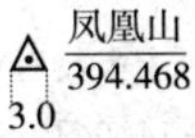 △ 凤凰山/394.468 / 3.0	39	独立树 1. 阔叶 2. 针叶	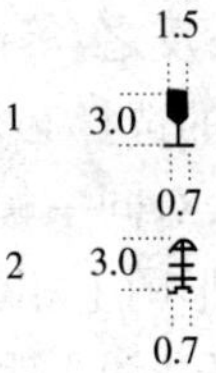 1.5 / 1 3.0 / 0.7 / 2 3.0 / 0.7
28	图根点 1. 埋石的 2. 不埋石的	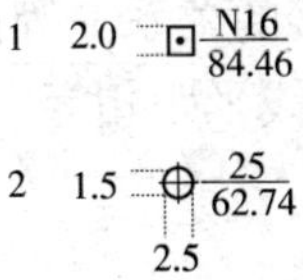 1 2.0 ■ N16/84.46 / 2 1.5 ⊕ 25/62.74 / 2.5	40	岗亭、岗楼	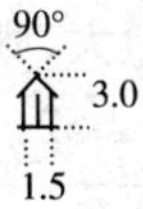 90° / 3.0 / 1.5
29	水准点	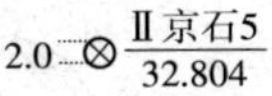 2.0 ⊗ Ⅱ京石5/32.804	41	等高线 1. 首曲线 2. 计曲线 3. 间曲线	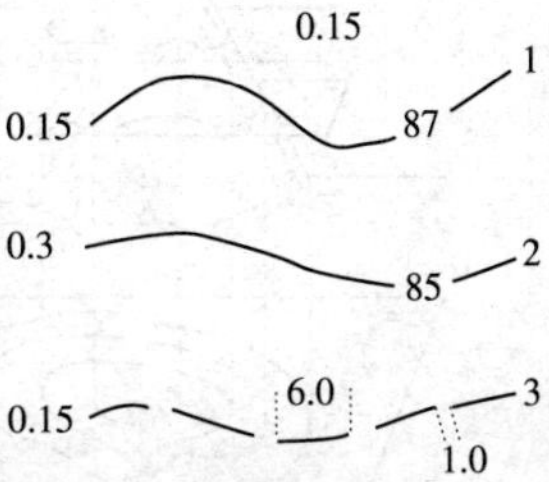 0.15 ～ 1 87 / 0.3 ～ 2 85 / 0.15 ～ 6.0 ～ 3 / 1.0
30	旗杆	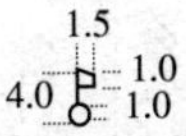 1.5 / 4.0 ┃ 1.0 / 1.0			

②半比例符号。某些带状的狭长地物,如铁路、电线、管道等,其长度可以按比例缩绘,但宽度不能按比例缩绘的狭长地物符号,称为半比例符号或线性符号。半比例符号的中心线即为实际地物的中心线。这种符号可以在图上量测地物的长度,而不能量测其宽度。

③非比例符号。当地物的实际轮廓较小,无法按测图比例尺直接缩绘到图纸上,但因其

重要性又必须表示时,可不管其实际尺寸大小,均用规定的符号来表示,这类地物符号称为非比例符号。如测量控制点、独立树、烟囱等。这种地物符号和有些比例符号随着测图比例尺的不同是可以转化的。

非比例符号只能表示物体的位置和类别,不能用来确定物体的实际尺寸。

④地物注记。

当应用上述三种符号还不能清楚表达地物的属性时,如建筑物的结构及层数、河流的流速、农作物、森林种类等,而采用文字、数字来说明各地物的属性及名称。这种对地物加以说明的文字、数字或特有符号,称为地物注记。单个的注记符号既不表示位置,也不表示大小,仅起注解说明的作用。

地物注记可分为地理名称注记、说明文字注记、数字注记三类。

在地形图上对于某个具体地物的表示,是采用何种类型的地物符号,主要由测图比例尺和地物的大小而定,一般而言,测图比例尺越大,用比例符号描绘的地物就越多;反之,就越少。随着比例尺的增大,说明文字注记和数字注记的数量也相应增多。

(2)地貌符号。地貌是地球表面上高低起伏的总称,是地形图上最主要的要素之一,在地形图上,表示地貌的方法常用的是等高线。对于等高线不能表示或不能单独表示的地貌,通常配以地貌符号和地貌注记来表示。

①等高线。等高线即地面上高程相等的相邻点连成的闭合曲线。事实上,等高线为一组高度不同的空间平面曲线,地形图上表示的仅是它们在投影面上的投影,在没有特别指明时,通常将地形图上的等高线投影简称为等高线,如图 2-51 所示。

②等高距和等高线平距。

地形图上相邻两高程不同的等高线之间的高差,称为等高距,用 h 表示。等高距越小,则图上等高线越密,地貌显示就越详细、确切,但图面的清晰程度相应较低,且测绘工作量大大增加;反之,等高距越大,则图上等高线越稀,地貌显示就越粗略。因此,在测绘地形图时,等高距的选择必须根据地形高低起伏程度、测图比例尺的大小和使用地形图的目的等因素来决定,对同一幅地形图而言,其等高距是相等的,因此地形图的等高距也称为基本等高距。

地形图上相邻等高线间的水平距离,称为等高线平距。由于同一地形图上的等高距相同,故等高线平距的大小与地面坡度的陡缓有着直接的关系。等高线平距愈小,地面坡度愈陡;平距愈大,则地面坡度愈缓;地面坡度相等,等高线平距相等。等高线平距与地面坡度的关系见图 2-52。

图 2-51 等高线表示地貌

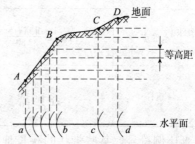

图 2-52 等高线平距与地面坡度的关系

在描绘盆地和山头、山脊和山谷等典型地貌时,通常在某些等高线的斜坡下降方向绘一短线来表示坡向,此种短线称为示坡线。如图 2-53 所示,山头的示坡线仅表示在高程最大的等高线上;而盆地的示坡线却一般选择在最高、最低两条等高线上表示,以便能明显地表示出坡度方向。

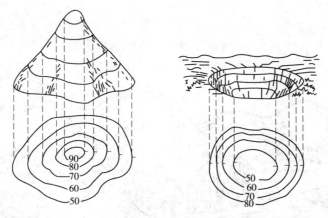

图 2-53　山头和盆地的等高线及示坡线

为了更好地描绘地貌的特征,便于识图和用图,地形图的等高线又分为首曲线、计曲线、间曲线、助曲线四种。在地形图上,按规定的等高距(即基本等高距)描绘的等高线称为首曲线,又称基本等高线,首曲线用 0.15mm 的细实线描绘。每隔四条首曲线加粗的一条等高线称为计曲线,计曲线用 0.3mm 的粗实线描绘并标上等高线的高程。当用首曲线不能表示某些微型地貌而又需要表示,可加绘按 1/2 基本等高距描绘的等高线,称为间曲线,间曲线用 0.15mm 的长虚线描绘。当用间曲线还不能表示应该表示的微型地貌时,还可在间曲线的基础上再加绘按 1/4 基本等高距描绘的等高线,称为助曲线,助曲线用 0.15mm 的短虚线描绘,如图 2-54 所示。

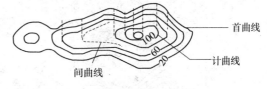

图 2-54　等高线的分类

③等高线的特性。根据等高线表示地貌的规律性,可以归纳出等高线的特性如下:

a. 同一条等高线上各点的高程相等。

b. 等高线是闭合曲线,不能中断(间曲线除外),如果不在同一幅图内闭合,则必定在相邻的其他图幅内闭合。

c. 等高线只有在陡崖或悬崖处才会重合或相交。

d. 等高线经过山脊或山谷时改变方向,因此山脊线与山谷线应和改变方向处的等高线的切线垂直相交。

e. 在同一幅地形图内,基本高线距是相同的,因此,等高线平距大表示地面坡度小;等高线平距小则表示地面坡度大;平距相等则坡度相同。倾斜平面的等高线是一组间距相等且平行的直线。

④几种典型地貌的等高线。地球表面高低起伏的形态千变万化,但经过仔细研究分析就会发现它们都是由几种典型的地貌综合而成的。了解和熟悉典型地貌的等高线,有助于正确地识读、应用和测绘地形图。典型地貌主要有山头和洼地、山脊和山谷、鞍部、陡崖和悬崖等,见图 2-55。

a. 山头和洼地。如图 2-56 所示,分别表示出山头和洼地的等高线,两者都是一组闭合曲线,极其相似。山头的等高线由外圈向内圈高程逐渐增加,洼地的等高线外圈向内圈高程逐渐减小,这样就可以根据高程注记区分山头和洼地。也可以用示坡线来指示斜坡向下的方向。在山头、洼地的等高线上绘出示坡线,有助于地貌的识别。

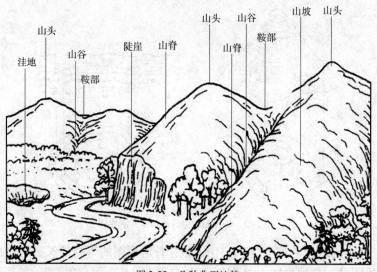

图 2-55 几种典型地貌

b. 山脊和山谷、鞍部。山坡的坡度和走向发生改变时,在转折处就会出现山脊或山谷地貌,见图 2-56。

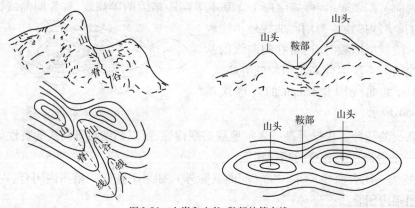

图 2-56 山脊和山谷、鞍部的等高线

山脊的等高线均向下坡方向凸出,两侧基本对称。山脊线是山体延伸的最高棱线,也称分水线。山谷的等高线均凸向高处,两侧也基本对称。山谷线是谷底点的连线,也称集水线。相邻两个山头之间呈马鞍形的低凹部分称为鞍部,鞍部是山区道路选线的重要位置,鞍部左右两侧的等高线是近似对称的两组山脊线和两组山谷线。

另外,还有陡崖和悬崖等,陡崖是坡度在 70°以上的陡峭崖壁,有石质和土质之分。如果用等高线表示,将是非常密集或重合为一条线,因此采用陡崖符号来表示;悬崖是上部突出、下部凹进的陡崖。悬崖上部的等高线投影到水平面时,与下部的等高线相交,下部凹进的等高线部分用虚线表示。

二、地形图在工程中的应用

在工程规划、设计时,是要利用地形图进行工程建(构)筑物的平面、竖向布置的量算工作。所以,地形图是制定规划、设计方案和进行工程建设的重要依据和基础资料。以下介绍地形图的应用。

1. 求图上一点坐标

(1)在纸质地形图上获得点的平面直角坐标。

如图2-57所示,若要求图上 A 点的坐标,可通过 A 点做坐标网的平行线 mn、pq,然后再用测图比例尺量取 mA 和 pA 的长度,则 A 点的坐标为:

$$x_A = x_0 + mA \cdot M$$
$$y_A = y_0 + pA \cdot M \tag{2-37}$$

式中:x_0、y_0——是 A 点所在方格西南角点的坐标;

mA、pA——图上量取的长度(mm);

M——比例尺分母。

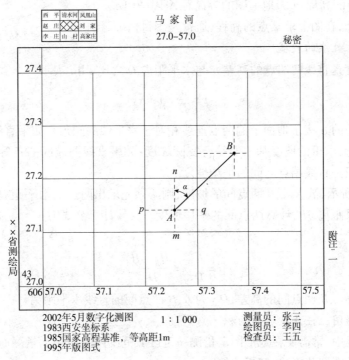

图 2-57 确定点的平面坐标

(2)在电子地形图上获得点的平面直角坐标。

随着计算机在测量中的应用,电子地图应运而生,并且越来越普遍的被人们使用。在电子地形图图上确定点的平面坐标则不需要作以上计算,直接用鼠标捕捉所求点即可直接在屏幕上显示,很多专业软件也都提供了专门的查询功能,都可以直接从图上获取所需坐标以及其他的信息,且电子地形图不会产生变形,获得的坐标精度较高。

2. 确定两点间的水平距离

如图2-57所示,若要求 AB 间的水平距离 D_{AB},可用测图比例尺在图上直接量取,即直接量出 AB 的图上距离 d,再乘以比例尺分母 M,得 $D_{AB} = dM$;也可由图上计算出 A、B 两点的坐标,再两点间距离公式计算出 A、B 两点间的距离;如果在电子地形图上,直接选择某直线便可直接查得其水平距离以及其他的信息,操作简单且能满足精度要求。

3. 确定直线的坐标方位角

如图 2-57 所示，若要求直线 AB 的方位角，可先通过 A 点作坐标纵线的平行线，再从图上直接量取直线 AB 的方位角，如图中的 α 角度值可直接用量角器量取。也可由图上计算出 A、B 的坐标后，再用坐标反算公式求出直线 AB 的方位角。

4. 确定点的高程

求点得高程可根据比例内插法确定该点的高程。在图 2-58 中，欲求 B 点高程，首先过 B 点作相邻两条等高线的近似公垂线，与等高线分别交于 m、n 两点，在图上量取 mn 和 nB 的长度，则 B 点高程为：

$$H_B = H_n + \frac{nB}{mn} \times h \tag{2-38}$$

式中：H_n 为 n 点的高程；h 为地形图的等高距，图中为 1m。

实际工作中，在图上求某点的高程，通常是用目估确定的。

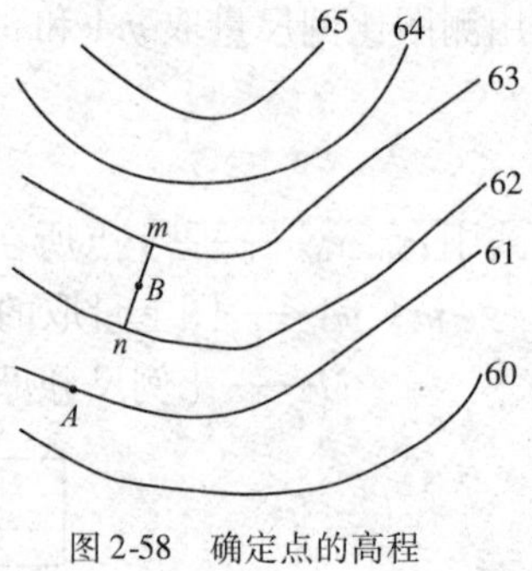

图 2-58 确定点的高程

5. 确定图上直线的坡度

直线的坡度是直线两端点的高差 h 与水平距离 D 之比，用 i 表示：

$$i = \frac{h}{D} = \tan\alpha \tag{2-39}$$

式(2-39)中的 α 表示地面上的两点连线相对于水平线的倾角。如果直线两端点间的各等高线平距相近，求得的坡度基本上符合实际坡度；如果直线两端间的各等高线平距不等，则求得的坡度只是直线端点之间的平均坡度。

如图 2-58 所示，欲求 A、B 两点间的坡度，则必须先求出两点的水平距离和高程，再根据两点之间的水平距离 AB，计算两点间的平均坡度。具体计算公式为：

$$i = \frac{h_{AB}}{D_{AB}} = \frac{H_B - H_A}{D_{AB}} \tag{2-40}$$

其中：h_{AB} 为 A、B 两点间的高差；D_{AB} 为 A、B 两点间的直线水平距离。

6. 确定地形图上任意区域的面积

在工程建设中，常需要在地形图上量测一定区域范围内的面积。量测面积的方法较多，常用到的方法有图解几何法、解析法等。

(1) 图解几何法

当所量测的图形为多边形时，可将多边形分解为几个三角形、梯形或平行四边形，如图 2-59a)所示，用比例尺量出这些图形的边长。按几何公式算出各分块图形的面积，然后求出多边形的总面积。

当所量测的图形为曲线连接时，如图 2-59b)所示，则先在透明纸上绘制好毫米方格网，然后将其覆盖在待量测的地形图上，数出完整方格网的个数，然后估量非整方格的面积相当于多少个整方格(一般将两个非整方格看作一个整方格计算)，得到总的方格数 n；再根据比例尺确定每个方格所代表的图形面积 S，则得到区域的总面积 $S_总 = nS$。

也可以采用平行线法计算曲线区域面积，如图 2-59c)所示，将绘有间距 d = 1mm 或 2mm 的平行线组的透明纸或透明膜片覆盖在待量测的图形上，则所量图形面积等于若干个等高梯形的面积之和。此法可以克服方格网膜片边缘方格的凑整太多的缺点。图 2-59c)中平行

虚线是梯形的中线。量测出各梯形的中线长度,则图形面积为:

$$S = d(ab + cd + ef + \cdots + yz) \quad (d \text{ 为平行线间距})$$

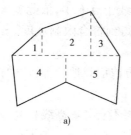 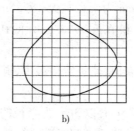 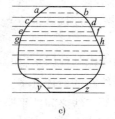

a)   b)   c)

图 2-59 区域面积的计算

(2) 坐标解析法

坐标解析法是根据已知几何图形各顶点坐标值进行面积计算的方法。

当图形边界为闭合多边形,且各顶点的平面坐标已经在地形图上量出或已经在实地测量,则可以利用多边形各顶点的坐标,用坐标解析法计算出图块区域面积。

在图2-60 中,1、2、3、4 为多边形的顶点时,其平面坐标为已知,分别为 $1(x_1, y_1)$、$2(x_2, y_2)$、$3(x_3, y_3)$、$4(x_4, y_4)$,则该多边形的每一条边及其向 y 轴的坐标投影线(图中虚线)和 y 轴都可以组成一个梯形,多边形的面积 A 就是这些梯形面积的和,可按下式计算出图形的区域面积:

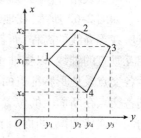

图 2-60 坐标解析法面积量算

$$A = \frac{1}{2}[(x_1+x_2)(y_2-y_1) + (x_2+x_3)(y_3-y_2) - (x_3+x_4)(y_3-y_4) - (x_4+x_1)(y_4-y_1)]$$

$$= \frac{1}{2}[x_1(y_2-y_4) + x_2(y_3-y_1) + x_3(y_4-y_2) + x_4(y_1-y_3)]$$

对于任意的 n 边形,可以写出按坐标计算面积的通用公式:

$$A = \frac{1}{2}\sum_{i=1}^{n} x_i(y_{i-1} - y_{i+1})$$

事实上,也可以按将各点向 X 轴投影来计算区域面积。

7. 按限制的坡度选定最短线路

在山地、丘陵地区进行道路、管线、渠道等工程设计时,都要求线路在不超过某一限制坡度的条件下,选择一条最短路线或等坡度线。

如图 2-61 所示,欲从低处的 A 点到高地 B 点要选择一条公路线,要求其坡度不大于限制坡度 i。

设 b' 等高距 h,等高线间的平距的图上值为 d,地形图的测图比例尺分母为 M,根据坡度的定义有:

$$i = \frac{h}{dM}$$

由此求得:

$$d = \frac{h}{iM}$$

在图中,设计用的地形图比例尺为 1:1 000,等高距为 1m。为了满足限制坡度不大于

$i=3.3\%$ 的要求,根据公式可以计算出该线路经过相邻等高线之间的最小水平距离 $d=0.03\text{m}$,于是,在地形图上以 A 点为圆心,以 3cm 为半径,用两脚规画弧交 54m 等高线于点 aa',再分别以点 aa' 为圆心,以 3cm 为半径画弧,交 55m 等高线于点 b、b',依此类推,直到 B 点为止。然后连接 A、a、b……B 和 A、a'、b'……B,便在图上得到符合限制坡度 $i=3.3\%$ 的两条路线。

同时考虑其他因素,如少占农田,建筑费用最少,避开塌方或崩裂地带等,从中选取一条作为设计线路的最佳方案。

如遇等高线之间的平距大于 3cm,以 3cm 为半径的圆弧将不会与等高线相交,这说明坡度小于限制坡度。在这种情况下,路线方向可按最短距离绘出。

8. 按一定方向绘制纵断面图

在各种线路工程设计中,为了进行填挖方量的概算,以及合理地确定线路的纵坡,都需要了解沿线路方向的地面起伏情况,为此,常需利用地形图绘制沿指定方向的纵断面图。

如图 2-62 所示,在地形图上作 A、B 两点的连线,与各等高线相交,各交点的高程即为交点所在等高线的高程,而各交点的平距可在图上用比例尺量得。在毫米方格纸上画出两条相互垂直的轴线,以横轴 AB 表示平距,以垂直于横轴的纵轴表示高程,在地形图上量取 A 点至各交点及地形特征点的平距,并把它们分别转绘在横轴上,以相应的高程作为纵坐标,得到各交点在断面上的位置。连接这些点,即得到 AB 方向的断面图。为了更明显地表示地面的高低起伏情况,断面图上的高程比例尺一般比平距比例尺大 $5\sim20$ 倍。

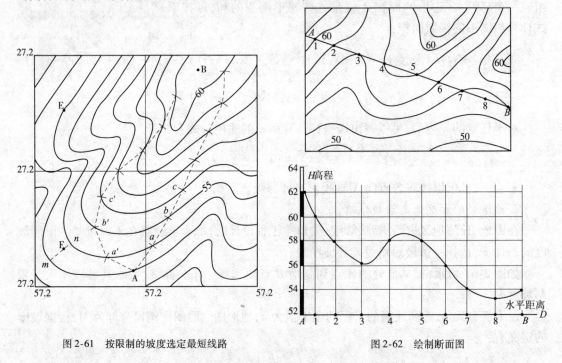

图 2-61 按限制的坡度选定最短线路

图 2-62 绘制断面图

对地形图中某些特殊点的高程量算,如断面过山脊、山顶或山谷处的高程变化点的高程,一般用比例内插法求得,然后绘制断面图。

9. 地形图在平整土地中的应用

工程建设初期总是需要对施工场地按竖向规划进行平整;工程接近收尾时,配合绿化还需要进行一次场地平整。在场地平整施工之中,常需估算土(石)方的工程量,即利用地形图按照场地平整的平衡原则来计算总填、挖土(石)方量,并制定出合理的土(石)方调配方案。通常使用的土方量计算方法有方格网法与断面法。在此只介绍方格网法。

方格网法适用于高低起伏较小,地面坡度变化均匀的场地。如图2-63所示,欲将该地区平整成地面高度相同的平坦场地,具体步骤如下。

(1)绘制方格网。在地形图上拟建工程的区域范围内,直接绘制出$2cm\times2cm$的方格网,图中每个小方格边对应的实地距离为$2cm\times M$(M为比例尺的分母)。本图的比例尺为1∶1 000,方格网的边长为$20m\times20m$,并进行编号,其方格网横线从上到下依次编为A、B、C、D等行号,其方格网纵线从左至右顺次编号为1、2、3、4、5等列号。则各方格点的编号用

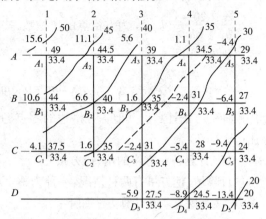

图2-63 场地平整土石方量计算

相应的行、列号表示,如A_1、A_2等,并标注在各方格点左下角。

(2)计算方格格点的地面高程。依据方格网各格点在等高线的位置,利用比例内插的方法计算出各点的实地高程,并标注在各方格点的右上角。

(3)计算设计高程。根据各个方格点的地面高程,分别求出每个方格的平均高程H_i(i为1、2、3……表示方格的个数),将各个方格的平均高程求和并除以方格总数n,即得设计高程$H_设$。

本例中,先将每一小方格顶点高程加起来除以4,得到每一小方格的平均高程,再把各小方格的平均高程加起来除以小方格总数即得设计高程。经计算,其场地平整时的设计高程约为33.4m,并将计算出的设计高程标在各方格点的右下角。

(4)计算各方格点的填、挖厚度(即填挖数)。

根据场地的设计高程及各方格点的实地高程,计算出各方格点处的填高或挖深的尺寸即各点的填挖数。

填挖数 = 地面点的实地高程 - 场地的设计高程

式中:填挖数为"+"时,表示该点为挖方点;填挖数为"-"时,表示该点为填方点。并将计算出的各点填挖数填写在各方格点的左上角。

(5)计算方格零点位置并绘制零位线。

计算出各方格点的填挖数后,即可求每条方格边上的零点(即不需填也不需挖的点)。这种点只存在于由挖方点和填方点构成的方格边上。求出场地中的零点后,将相邻的零点顺次连接起来,即得零位线(即场地上的填挖边界线)。零点和零位线是计算填挖方量和施工的重要依据。

在方格边上计算零点位置,可按图解几何法,依据等高线内插原理来求取。如图2-64所示,A_4为挖方点,B_4为填方

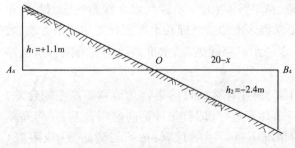

图2-64 比例内插法确定零点

点,在 A_4、B_4 方格边上必存在零点 O。设零点 O 与 A_4 点的距离为 x,则其与 B_4 点距离为 $(20-x)$,由此得到关系式:

$$\frac{x}{h_1} = \frac{20-x}{h_2} (h_1、h_2 为方格点的填挖数,按此式计算零点位置时,不带符号)$$

则有:

$$x = \frac{h_1}{h_1 + h_2} \times 20 = \frac{1.1}{1.1 + 2.4} \times 20\text{m} = 6.3\text{m},即 A_4、B_4 方格边上的零点 O 距离 A_4 为 6.3\text{m}。$$

用同样的方法计算出其他各方格边的零点,并顺次相连,即得整个场地的零位线,用虚线绘出(图2-63)。

(6)计算各小方格的填、挖方量。

计算填、挖方量有两种情况:一种为整个小方格全为填(或挖)方;其二为小方格内既有填方,又有挖方。其计算方法如下:

首先计算出各方格内的填方区域面积 $A_填$ 及挖方区域面积 $A_挖$。

整个方格全为填或挖(单位为 m^3),则土石方量为:

$$V_填 = \frac{1}{4}(h_1 + h_2 + h_3 + h_4) \times A_填 \quad 或 \quad V_挖 = \frac{1}{4}(h_1 + h_2 + h_3 + h_4) \times A_挖$$

方格中既有填方,又有挖方,则土石方量分别为:

$$V_填 = \frac{1}{4}(h_1 + h_2 + 0 + 0) \times A_填 (h_1、h_2 为方格中填方点的填挖数)$$

$$V_挖 = \frac{1}{4}(h_3 + h_4 + 0 + 0) \times A_挖 (h_3、h_4 为方格中挖方点的填挖数)$$

(7)计算总、填挖方量。

用上步介绍的方法计算出各个小方格的填、挖方量后,分别汇总以计算总的填、挖方量。一般说来,场地的总填方量和总挖方量两者应基本相等,但由于计算中多使用近似公式,故两者之间可略有出入。如相差较大时,说明计算中有差错,应查明原因,重新计算。

本 章 小 结

1. 水准测量

高差测量是确定地面点位的基本测量工作之一,而水准测量是确定地面点高程的主要方法之一。进行水准测量所用的仪器是水准仪,因此首先要掌握水准仪的构造和使用,使用操作步骤(包括仪器安置、粗平、瞄准和调焦、精平、读数五个步骤)、水准线路的施测和内业计算等。在外业进行水准测量,重要的是要掌握水准测量原理和水准测量工作观测方法、数据记录和计算方法。水准测量一般按照一定的水准路线施测,水准路线主要有闭合水准路线、附合水准路线和支水准路线。

水准测量外业结束后即可进行内业计算,内业计算的目的是合理地调整高差闭合差,计算出未知点的高程。内业计算主要从以下几步进行,即首先计算高差闭合差,并与高差闭合差允许值进行比较,在其符合要求的情况下进行后续计算;按照与测站数(或距离)成正比反号均分的原则计算高差闭合差的调整值;计算改正后的高差;最后计算出未知点的高程。

2. 角度测量

角度测量是确定地面点位的基本测量工作之一,角度测量包括水平角测量和竖直角测量。要掌握经纬仪测量水平角、竖直角的原理,仪器构造及其使用步骤;水平角测量和竖直角测量的施测方法和步骤,以及测量竖直角与测量水平角的异同点。

3. 钢尺量距

距离测量是确定地面点位的基本测量工作之一。钢尺量距的工具为钢尺,辅助工具有标杆、测钎、垂球等。当丈量距离的精度要求不高时,可以采用普通钢尺量距方法。为了防止测量错误和检核量距的精度,一般要往、返各丈量一次。当量距相对误差符合精度要求时,取往返测距离平均值作为最后测量的结果,否则应重测。

4. 直线定向与坐标正反算

确定一条直线与基准方向在投影面上的投影间的夹角工作称为直线定向。通用的基准方向有真子午线北方向、磁子午线北方向和坐标纵轴北方向,即地面点的三北方向。常用方位角和象限角来表示地面直线的方向。掌握坐标方位角与象限角之间的转换关系。重点掌握坐标方位角的概念、坐标方位角的推算以及坐标正反算。

5. 全站仪与 GPS 技术

全站仪介绍了南方生产的 NTS 系列仪器,全站仪可进行角度测量、距离测量、高差测量、坐标测量和施工放样等工作,大大提高了工作效率。

介绍 GPS 的组成及基本工作原理。

6. 测量误差的基本知识

测量误差产生的主要原因有仪器工具误差、观测误差和外界条件影响。

测量误差按其产生的原因和对观测结果影响性质的不同,可分为系统误差、偶然误差两大类。

测量工作中通常采用中误差、容许误差和相对误差作为衡量精度的标准。

7. 地形图的基本知识

地形图的基本知识主要包括地形图图廓外及图廓内的基本内容。图廓外主要了解地形图的比例尺、比例尺精度、地形图的分幅与编号、图名、接图表、坐标及高程系统等;图廓内主要了解地形图图示符号的表示法。地物符号分为比例符号、非比例符号、半比例符号和地物注记。地貌符号常用等高线表示。

地形图的应用主要内容为:地形图上确定点的坐标和高程、确定两点间的距离和直线的坐标方位角、确定直线的坡度、按限制坡度选择最短路线、求算任意区域面积、绘制纵断面图、平整场地中土石方量测量等,重点介绍方格网法在施工场地平整阶段的应用知识。

思考题与习题

1. 简述水准测量原理,绘图说明,并表示视线高。

2. 试简述在一个测站上进行水准测量的工作步骤。

3. 设 A 点高程为 45.326m,当后视读数为 1.478m,前视读数为 1.692m 时,试问视线高为多少? B 点的高程是多少? 要求绘图说明。

4. 如图 2-65 所示,为某附合水准路线等外水准测量观测成果,$H_{BM1} = 50.000\text{m}$,$H_{BM2} =$

47.824m。试根据给定的已知数据及观测数据,计算各待定点的高程。

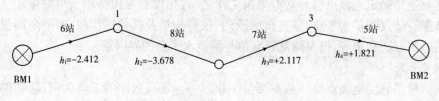

图 2-65

5. 如图 2-66 所示,为某闭合水准路线等外水准外业观测数据,试依据给定的已知点高程及观测数据,计算各点的高程。

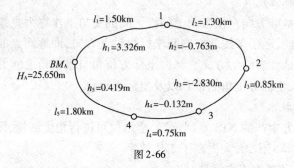

图 2-66

6. 何谓水平角?试述用经纬仪测量水平角的原理,绘图说明。
7. 用经纬仪测角时,若照准同一竖直面内不同高度的两目标点,其水平度盘读数是否相同?若经纬仪架设高度不同,照准同一目标点,则该点的竖直角是否相同?
8. 测回法适用于什么情况?试说明测回法的观测步骤。
9. 试完成水平角观测记录表(表 2-17)相关计算。

测回法观测记录　　　　　　　　　　　　　　　表 2-17

测站	测回	垂直度盘位置	目标	度盘读数 (° ′ ″)	半测回角值 (° ′ ″)	一测回角值 (° ′ ″)	各测回平均角值 (° ′ ″)
O	1	左	A	0 00 06			
			B	148 36 18			
		右	A	180 00 12			
			B	328 36 30			
O	2	左	A	90 01 12			
			B	238 37 30			
		右	A	270 01 18			
			B	58 37 24			

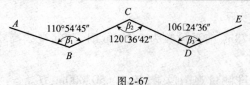

图 2-67

10. 如图 2-67 所示,已知 AB 边的坐标方位角为 150°30′00″,观测的转折角为:$\beta_1 = 110°54′45″$、$\beta_2 = 120°36′42″$、$\beta_3 = 106°24′36″$,试计算 DE 边的坐标方位角。

11. 何谓坐标正、反算？试写出计算公式。

12. 已知 A 点的坐标为 $A(468.260,549.371)$，AB 边的边长为 $D_{AB}=105.365 m$，AB 边的坐标方位角为 $\alpha_{AB}=60°45'$，试求 B 点的坐标。

13. 已知 A 点的坐标为 $A(236.457,782.516)$，B 点的坐标为 $B(458.631,548.299)$，试求 AB 的边长 D_{AB} 及坐标方位角 α_{AB}。

14. 测量误差产生的原因主要有哪些？举例说明如何消除或减弱仪器的系统误差？

15. 试述中误差、极限误差、相对误差的含义与区别。

16. 什么是比例尺精度？它有何用途？

17. 何谓地物？在地形图上表示地物的原则是什么？表示地物的四种地物符号各在什么情况下使用？

18. 何谓地貌？试述地貌的基本形状。何谓地性线和地貌特征点？

19. 等高线有何特性？等高线平距与等高距有何关系？在地形图上主要有哪几种等高线？并说明其含义。

20. 什么是等高距？什么是示坡线？什么是等高线平距？

21. 地形图应用的内容有哪些？

22. 在如图 2-68 所示的 1∶2 000 地形图上完成以下计算：

（1）确定 N_4、N_5 两点的坐标；

（2）量算直线 $N_4 N_5$ 的水平距离和方位角；

（3）沿 MN 方向绘制断面图。

图 2-68

23. 如图 2-68 中等高距为 1m，根据等高线的高程，勾绘 MN 直线方向的纵断面图。

第三章 施工控制测量

本章知识要点：

本章内容主要包括：施工控制网的分类、特点、布设原则和形式，施工坐标系与测量坐标系的坐标变换；导线测量的布设形式、主要技术要求和内外业工作的基本步骤；交会定点测量的布设形式，前方交会和后方交会的计算；高程控制测量中三、四等水准测量的外业记录计算及检核，三角高程测量的基本原理、高差计算的基本公式和内业计算步骤。

通过本章的学习，了解施工控制测量中导线测量、交会定点测量和高程控制测量中的相关概念；理解导线测量、交会定点测量和高程控制测量的基本原理；掌握导线测量、交会定点测量、高程控制测量中相关计算公式、方法和步骤。

第一节 施工控制测量概述

施工控制测量是施工测量的基础性工作，目的是为工程建筑物的施工放样提供位置基准，限制误差的传播与积累。其主要任务就是要建立施工控制网，为建立施工控制网而进行的测量工作叫施工控制测量。从测量精度上来讲，测图控制网的精度是按照测图比例尺的大小确定的，而施工控制网的精度则要根据工程建设的性质来决定，一般来说，它要高于测图控制网。倘若测图的控制精度能满足施工放样的要求，则可以直接利用原来的测图控制网进行施工放样，否则应重新建立施工控制网。

一、施工控制网的分类

施工控制网通常分为平面控制网和高程控制网两种。

1. 施工平面控制网

施工平面控制网可布设成 GPS 网、三角网、边角网、导线网、建筑基线和建筑方格网等形式。

2. 施工高程控制网

施工高程控制网一般布设成水准网或三角高程测量，水准网通常采用二、三、四等水准测量。

二、施工控制网的特点

施工控制网相对于测图控制网而言，一般具有如下特点：

(1)控制范围小,控制点的密度大,精度要求高。

与测图的范围比起来,工程施工的地区总是比较小的,因此施工控制网所控制的范围就相对较小。对于一般的工业建设场地,多数在 $1km^2$ 以下,在这样一个较小的范围内,各种建、构筑物的分布错综复杂,没有较为稠密的控制点是无法进行施工的。工程控制网的精度是从满足工程放样的要求确定的,一般建筑物的定位精度比测图的精度高得多,所以工程控制网的精度要比一般测图控制网要高。

(2)受施工干扰大,使用频繁。

在现代化的施工过程中通常采用平行交叉的作业方式,这样使得控制点在使用上非常频繁。工地上的各种建、构筑物的施工高度相差十分悬殊,经常妨碍控制点之间的相互通视;另外,施工机械(例如吊车、建筑材料运输车、混凝土搅拌机等)的停放,也经常阻挡视线。因此,施工控制点的位置应分布恰当,密度也应较大,以便施工期间有所选择。

(3)施工控制网常采用独立的坐标系统和高程系统。

为方便今后的施工放样工作,施工现场控制网常采用独立的坐标系统和高程系统。施工控制网的坐标轴一般应平行或垂直于建筑物的主轴线。主轴线通常由工艺流程方向、运输干线(铁路或其他运输线)或主要厂房的轴线所决定。例如:桥梁施工的工地以桥中心线为主轴线,水利枢纽工地上以大坝的轴线为主轴线等等。

(4)中央子午线和投影面的选择与测区的中央子午线和高程面有关。

施工控制网投影面的选择应满足"按控制点坐标反算的两点间长度与实地两点间长度之差尽可能小(一般为 1/40 000~1/50 000)"的要求。当边长的归算投影改正不能满足工程所需的精度要求时,应采用测区的平均中央子午线作为高斯投影的子午线进行高斯投影;而且,施工控制网中的长度通常不是投影到大地水准面而是投影到特定的平面上。例如:工业建设场地的施工控制网应投影到厂区的平均高程面上;水利水电枢纽建构、筑物的施工控制网应投影到工程平均高程上;城市控制网投影到城市平均高程面上;桥梁施工控制网应投影到桥墩顶的平面上;也有些工程要求将长度投影到定线放样精度最高的平面上等。

三、施工控制网的布设原则和形式

1. 施工控制网的布设原则

施工控制网的布设一般根据工程性质、工程规模、场地大小、精度要求和地形情况的不同而决定。布设的基本原则应因地制宜,做到技术先进,经济合理,方便使用。

2. 施工控制网的布设形式

(1)平面控制形式。

施工控制网的平面布设形式是多种多样的,比如 GPS 网、三角网、边角网、导线网、建筑方格网等。一般布设成两级,第一级为基本控制,目的为放样各个建筑物的主要轴线;第二级为加密控制,目的用于放样建筑物的细部特征点。

例如:在面积不大的居住建筑小区中,常布置一条或几条基准线组成的简单图形,作为施工测量的平面控制,称为建筑基线。建筑基线的布设形式,应根据建筑物的分布、施工场地的地形等因素来确定。常用的布设形式有"一"字形、"L"形、"十"字形和"T"形,如图3-1所示。

对于城市建筑区场地或大中型工业企业场地的平坦地区,多采用方格网形式的控制网,称为建筑方格网。如图3-2、图3-3所示。其中,$M-O-N$ 和 $C-O-D$ 为方格网的主轴线,M、O、N、C、D 为主点,主轴线应与厂区新建或原有的主要建筑物的轴线平行或垂直,其他轴线和主轴线间的夹角应满足直角关系。

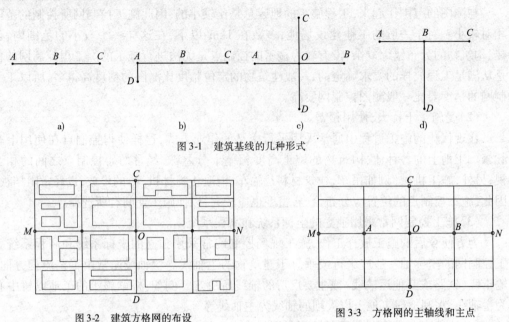

图 3-1 建筑基线的几种形式

图 3-2 建筑方格网的布设　　　　　　图 3-3 方格网的主轴线和主点

对于一些大型的工业场地，由于地形条件、工期紧迫或分期施工等原因，可以分区、分期建立局部方格网，但应在整个厂区内建立一字形、十字形的主轴线系统，作为各局部方格网统一的依据。

对于依山势布置建筑物的山区建筑场地和沿江河受地形限制的建筑场地，则可充分利用原测图高等级控制网的资料，另外建立 GPS 网、三角网、边角网或导线网等。如图 3-4 所示为某水利枢纽工程 GPS 施工控制网的网图。

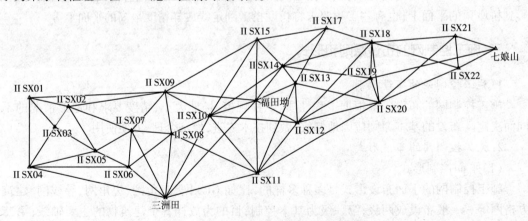

图 3-4 某水利枢纽工程 GPS 施工控制网网图

特别强调，虽然施工控制网的布设形式多种多样且有其特殊性，但是在布设施工控制网的过程中应尽量采用全站仪和 GPS 等先进的技术手段和方法，以便提高工作效率和施工测量的控制精度。

（2）高程控制形式。

施工控制网的高程布设一般在地势相对平坦地区，常埋设水准点，进行水准测量；在丘陵或山区常进行三角高程测量。

四、施工坐标系与测量坐标系的坐标变换

施工坐标系亦称建筑坐标系,其坐标轴与主要建筑物主轴线平行或垂直,以便今后施工放样。因这种坐标系的坐标轴平行或垂直于主轴线,使得矩形建筑物相邻两点间的长度可以方便地由坐标差求出,当然,建筑物的间距也可由坐标差求出。建筑设计人员通常使用独立坐标系进行设计,其坐标原点一般选在建筑场地以外的西南角上,目的是使场地范围内点的坐标均为正值。

当施工坐标系与测量坐标系不一致时,就必须把施工坐标转换为测量坐标或者把测量坐标转换为施工坐标,这一过程称为坐标变换。如图 3-5 所示,XOY 为测量坐标系,$AO'B$ 为施工坐标系,假设 $(X_P、Y_P)$ 为 P 点在测量坐标系中的坐标,$(A_P、B_P)$ 为 P 点在施工坐标系中的坐标,$(X'_0、Y'_0)$ 为施工坐标系中的原点 O' 在测量坐标系中的坐标,α 为施工坐标系的坐标纵轴在测量坐标系的坐标方位角,则两个系统的坐标可以按式(3-1)、式(3-2)进行互相变换。

由图 3-5 可知,已知 A_P、B_P 求出 P 点的测量坐标为:

$$X_P = X'_0 + (A_P\cos\alpha - B_P\sin\alpha)$$
$$Y_P = Y'_0 + (A_P\sin\alpha + B_P\cos\alpha)$$
(3-1)

反之,已知 X_P、Y_P 也可求出 A_P、B_P 的施工坐标为:

$$A_P = (X_P - X'_0)\cos\alpha + (Y_P - Y'_0)\sin\alpha$$
$$B_P = -(X_P - X'_0)\sin\alpha + (Y_P - Y'_0)\cos\alpha$$
(3-2)

在进行坐标变换时应注意如下几点:

(1)必须明确由施工坐标系转换成测量坐标系还是由测量坐标系转换成施工坐标系,然后选用相应的坐标转换公式。

(2)换算之前应先求出转角 α,并且计算 $(X'_0、Y'_0)$ 时,一定要用同一点的测量坐标和施工坐标一起代入解算。

(3)换算后要检核,分别用两点的测量坐标和施工坐标计算这两点间的距离,若结果相同,则说明换算无误。

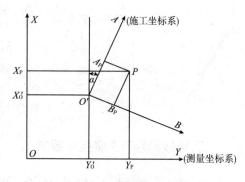

图 3-5 坐标换算关系图

在实际工作中,上式中的 X'_0、Y'_0 和 α 值可由设计人员提供,也可从设计图上用解析法或图解法求得。

第二节 导线测量

在控制测量中,导线是将一系列控制点连接起来组成的折线,其中的控制点称为导线点,连接相邻控制点的直线段称为导线边,相邻导线边间的水平角称为转折角(转折角分为左角和右角,沿导线前进方向向左所测的角为左角,沿导线前进方向向右所测的角为右角)。外业测量导线边和转折角的过程称为导线测量。

导线测量是建立基本平面控制的方法之一,在工程建设、城市建设和其他建设的平面控制中有着广泛的应用。随着电磁波测距仪和全站仪的出现和普及,很快就可以测定两点间的距离;另外,由于导线的布设因不受地形条件的限制,布设灵活、平差计算比较简单,使得导线测量能够充分显示出它的优越性,尤其在树木密集隐蔽的林区、建筑物密集的城区和隧道等地下工程建设中布设导线进行控制测量,既方便快速又能提高作业效率。因此,导线测量还是目前使用较多的一种平面控制手段。

一、导线的布设形式

根据测区不同的情况和要求,导线可以布设成以下几种形式。

1. 附合导线

如图 3-6 所示,导线起始于一个已知控制点,而终止于另一个已知控制点则称为附合导线。

2. 闭合导线

如图 3-7 所示,由一个已知控制点出发,最后仍回到这个点而形成一个闭合多边形的导线称为闭合导线。整个闭合导线中有时也可以假定一点作为已知点。

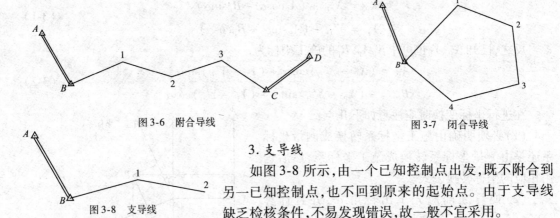

图 3-6　附合导线　　　　　　　　　　　　　图 3-7　闭合导线

3. 支导线

如图 3-8 所示,由一个已知控制点出发,既不附合到另一已知控制点,也不回到原来的起始点。由于支导线缺乏检核条件,不易发现错误,故一般不宜采用。

图 3-8　支导线

二、导线测量的主要技术要求

根据《工程测量规范》(GB 50026—2007)中对水平角、距离和各等级导线测量的主要技术要求,应分别符合表 3-1、表 3-2 和表 3-3 的相关规定。

水平角方向观测法的主要技术要求　　　　　表 3-1

控制等级	仪器精度等级	光学测微器两次重合读数之差(″)	半测回归零差	一测回内 2C 互差(″)	同一方向值各测回较差(″)
四等及以上	1″仪器	1	6	9	6
	2″仪器	3	8	13	9
一级及以下	2″仪器	—	12	18	12
	6″仪器	—	18	—	24

注:1. 全站仪和电子经纬仪在进行水平角观测时不受光学测微器两次重合读数之差指标的限制。
　　2. 当观测方向的垂直角超过 ±3° 的范围时,该方向 2C 互差可按相邻测回同方向进行比较,其值应满足表中一测回内 2C 互差的限值。

测距的主要技术要求　　　　　　　　　　表 3-2

控制等级	仪器精度等级	每边测回数 往	每边测回数 返	一测回读数较差(mm)	单程各测回较差(mm)	往返测距较差(mm)
三等	5mm 级仪器	3	3	≤5	≤7	≤2(a+b×D)
三等	10mm 级仪器	4	4	≤10	≤15	≤2(a+b×D)
四等	5mm 级仪器	2	2	≤5	≤7	≤2(a+b×D)
四等	10mm 级仪器	3	3	≤10	≤15	≤2(a+b×D)
一级	10mm 级仪器	2	—	≤10	≤15	
二、三级	10mm 级仪器	1	—	≤10	≤15	

注:1. 测回是指照准目标 1 次,读数 4 次的过程。
    2. 表中 a 为仪器标称精度中的固定误差(mm);b 为仪器标称精度中的比例误差系数(mm/km);D 为测距长度(km)。

导线测量的主要技术要求　　　　　　　　　　表 3-3

控制等级	导线长度(km)	平均边长(km)	测角中误差(″)	测距中误差(mm)	测距相对中误差	测回数 1″仪器	测回数 2″仪器	测回数 6″仪器	方位角闭合差(″)	导线全长相对闭合差
三等	14	3	1.8	20	≤1/150 000	6	10	—	$3.6\sqrt{n}$	≤1/55 000
四等	9	1.5	2.5	18	≤1/80 000	4	6	—	$5\sqrt{n}$	≤1/35 000
一级	4	0.5	5	15	≤1/30 000	—	2	4	$10\sqrt{n}$	≤1/15 000
二级	2.4	0.25	8	15	≤1/14 000	—	1	3	$16\sqrt{n}$	≤1/10 000
三级	1.2	0.1	12	15	≤1/7 000	—	1	2	$24\sqrt{n}$	≤1/5 000
图根	—	—	30					1	$60\sqrt{n}$	≤1/2 000

注:1. 表中 n 为测站数。
    2. 当导线长度小于上表规定长度的 1/3 时,导线全长的绝对闭合差不应大于 13cm。

三、导线测量的外业工作

导线测量的外业工作主要包括野外踏勘选点、造标埋石、转折角(水平角)观测、导线边长测量和导线定向等。

1. 选点、埋石

选点之前应尽可能收集测区及其附近已有的高级控制点成果和近期的大中比例尺地形图资料。根据已知点的分布和测区的地形情况,在收集的地形图上大致规划布设导线走向及初拟点位,然后到实地踏勘,最后到实地调整并确定点位。如果测区没有相关的地形图资料,应该到现场进行详细的踏勘,并根据测区已有控制点的分布和完好状况再合理的选定导线点的具体位置,实地选点应注意以下几个方面:

(1)导线点应选择在地势较高、土质坚实、稳固可靠、便于保存和方便安置仪器的地方,视野应开阔,便于加密、扩展和寻找。

(2)相邻导线点之间应通视良好,便于角度观测和距离测量。

(3)为了保证测角精度,导线各边的边长应大致相等,相邻边长之比不宜超过 1:3。

(4)当采用电磁波测距时,相邻导线点之间的视线应避开烟囱、散热塔、散热池等发热体及强电磁场。

(5)导线点应用足够的密度,分布均匀,便于控制整个测区。

导线点的位置选定后,通常用木桩打入土中,并在桩顶钉入小钉作为点位的标志。需要长期保存的导线点,需要埋设预制桩或混凝土桩,桩顶刻划"十"字或嵌入锯有"十"字的钢筋作标志,导线点应按前进方向编号。为了便于以后寻找,应量出每个导线点到附近三个明显地物点的距离,并用红油漆在明显地物上写明导线点的编号和距离,用箭头指明点位方向,注明尺寸,并编制导线点的点之记。

2. 转折角(水平角)观测

导线中两相邻导线边构成的转折角通常用经纬仪或全站仪进行观测,转折角(水平角)的观测一般根据具体情况而定,单角采用测回法观测,三个或更多的方向采用方向观测法。为了方便计算,附合导线通常观测导线前进方向的左角;闭合导线通常观测闭合多边形的内角;支导线通常观测左、右角以方便检核。

转折角(水平角)观测之前,应对所有的仪器、觇标和光学对中器等进行认真检查或检验,在观测过程中也要进行检查。当进行短边的转折角观测时,应特别注意仪器和照准目标的对中,为了减少对中误差对测角量边的影响,导线观测应采用三联脚架法。

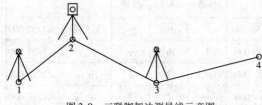

图3-9 三联脚架法测导线示意图

三联脚架法通常使用三个既能安置全站仪又能安置带有觇牌的通用基座和脚架,基座上有通用的光学对中器,如图3-9所示。具体的操作步骤为:

(1)将全站仪安置在2点上,在1、3点上安置棱镜,进行水平角、垂直角和边长测量。

(2)迁站时,将1点的棱镜和脚架迁至4点,2、3点的脚架和基座不动,只将全站仪和棱镜对调。

如此推进,直至测完整条导线。

三联脚架法的优点主要有:

(1)减少了脚架对中的次数,也减少了整平的工作量,还减少了量高的粗差。

(2)由于每点只进行一次对中,则每点的对中误差只对本点坐标有影响,并不会在坐标推算中累积传递给其他点,可以提高导线测量的精度和效率。

3. 边长测量

导线边长测量可以采用电磁波测距仪观测,也可以采用全站仪在测定转折角的同时,测定导线边的边长,至于选择哪种仪器,应该由具体的情况和设备条件而定。电磁波测距仪测量的通常是斜距,需要观测垂直角,必要时还需要观测温度、气压等参数,用以将倾斜距离改化为水平距离,大范围测量,还要将其归算到椭球面上或高斯平面上。

4. 连接角测量

与高级已知控制点连接的导线,因存在已知边方位角,只需观测连接角便可以推算各边的方位角,然后推算各点坐标。为了使导线与高级控制点之间建立连接,必须观测连接角作为传递坐标方位角之用。

如果测区附近没有高等级控制点,当布设的导线为独立控制时,则应采用罗盘仪、陀螺仪等施测导线起始边的方位角,并假定起始点的坐标作为起算数据,这样便可推算其他各边的方位角,进而推算各点坐标。

四、导线测量的内业工作

导线测量的内业工作主要就是内业计算,又称为导线的平差计算,也就是利用科学的方法处理测量数据,合理的分配测量误差,最后求出各导线点的坐标值。

为了保证计算的正确性和满足相关的精度要求,计算之前应注意以下几点:

(1)对起算数据和外业测量成果进行认真检查,确保正确方可进行计算。

(2)编制导线草图,将检核后的外业测量数据和起算数据绘制到草图上。

(3)对各项测量数据和起算数据应取到足够的小数位,取舍原则为"四舍六入,遇到五就看前面的数,奇进偶不进"。

导线计算是根据外业测量的转折角、边长和已知数据推算各导线点的坐标值,一般可以分为以下几个步骤:

(1)角度闭合差的计算和调整。

(2)坐标方位角的推算。

(3)坐标增量的计算。

(4)坐标增量闭合差的计算和调整。

(5)各个导线点坐标计算。

1. 附合导线坐标计算

现以图3-10中的实测数据为例,详细介绍附合导线计算的步骤。

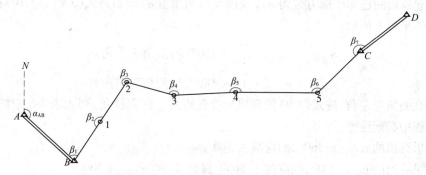

图3-10 附合导线计算图

(1)准备工作。

在表3-4中填入已知数据和观测数据。

(2)角度闭合差的计算及其调整。

①角度闭合差的计算。

如图3-10所示,α_{AB} 和 α_{CD} 是已知的,由于我们已经测出了 β_1、β_2、β_3、β_4、β_5、β_6 和 β_7,我们可以从 α_{AB} 出发,经各转折角求出 CD 边的坐标方位角,若用 α'_{CD} 表示,则有:

$$\alpha'_{CD} = \alpha_{AB} + \sum \beta_{左} \pm 7 \times 180° \quad (3\text{-}3)$$

如果写成通项公式,即为:

$$\alpha_{终} = \alpha_{起} + \sum \beta_{左} \pm n \cdot 180°$$

$$\alpha_{终} = \alpha_{起} - \sum \beta_{右} \pm n \cdot 180° \quad (3\text{-}4)$$

式中:n 为测角个数、$\beta_{左}$ 为观测左角、$\beta_{右}$ 为观测右角。

由于水平角在观测过程中存在误差,致使 $\alpha'_{CD} \neq \alpha_{CD}$,而是存在一个差值,这个差值称为方位角闭合差,用 f_β 表示,则有:

$$f_\beta = \alpha'_{CD} - \alpha_{CD} = \alpha_{AB} + \sum\beta_左 \pm n \times 180° - \alpha_{CD} \tag{3-5}$$

②角度闭合差的分配。

规范中规定图根导线的一般角度闭合差允许值为 $f_{\beta允} = \pm 60\sqrt{n}$,只有当 $f_\beta \leqslant f_{\beta允}$ 时,说明角度测量是符合要求,应对角度闭合差进行调整。

由于导线各转折角是用相同的仪器和方法在相同的条件下观测所得,则认为每一个角度观测值的误差相同。因此,可将闭合差按相反符号平均于各观测角,假设以 $V_{\beta i}$ 表示各观测角 β_i 的改正数,则有:

$$V_{\beta i} = -\frac{f_\beta}{n} \tag{3-6}$$

当式(3-6)不能除尽时,则可将余数凑整到短边所夹角的改正数中,主要是因为仪器对中误差和照准误差对短边影响较明显。

角度改正数之和应满足式(3-7),可用来检校改正数是否正确:

$$\sum V_\beta = -f_\beta \tag{3-7}$$

③计算出改正后的角值 $\hat{\beta}_i$,即:

$$\hat{\beta}_i = \beta_i + V_{\beta i} \tag{3-8}$$

(3)用改正后的导线左角或右角推算导线各边的坐标方位角。

根据起算边的已知坐标方位角 α_{AB} 及改正后的角值 $\hat{\beta}_i$ 按如公式(3-9)、(3-10)推算其他各导线边的坐标方位角。

$$\alpha_{前边} = \alpha_{后边} + \hat{\beta}_左 \pm 180°(所测角为左角) \tag{3-9}$$

$$\alpha_{前边} = \alpha_{后边} - \hat{\beta}_右 \pm 180°(所测角为右角) \tag{3-10}$$

本例观测角为左角,按式(3-9)推算出导线各边的坐标方位角,列入表3-5中的第5栏。在推算过程中必须注意:

①如果算出的 $\alpha_{前边} > 360°$,则应减去 $360°$。
②如果算出的 $\alpha_{前边} < 0°$,则应加上 $360°$,保证 $0° < \alpha_{前边} < 360°$。
③推算闭合导线各边坐标方位角时,最后应推算到起始边的坐标方位角,即起边的推算值应与原有的起算坐标方位角相等,否则应重新检查、计算。

(4)坐标增量及其闭合差的计算。

①坐标增量的计算。

坐标增量即是两导线点坐标值之差,也就是从一个导线点到另一个导线点的坐标增加值。坐标增量分为纵坐标增量 ΔX 和横坐标增量 ΔY。

如图3-10所示, D_{B1}、α_{B1} 为已知,则 $B1$ 边的坐标增量为:

$$\Delta X_{B1} = D_{B1} \cdot \cos\alpha_{B1}$$
$$\Delta Y_{B1} = D_{B1} \cdot \sin\alpha_{B1} \tag{3-11}$$

其他导线点间的坐标增量计算相同。

如图3-10所示,由于 B、C 的坐标为已知,那么从 B 到 C 的坐标增量也为已知,即:

$$\sum\Delta X_理 = \Delta X_{BC} = X_C - X_B$$

$$\sum \Delta Y_{理} = \Delta Y_{BC} = Y_C - Y_B \qquad (3\text{-}12)$$

②坐标闭合差的计算。

通过附合导线测量也可以求得 B、C 间的坐标增量，假设用 $\sum \Delta X_{测}$ 和 $\sum \Delta Y_{测}$ 表示，由于存在测量误差的缘故，致使：

$$\sum \Delta X_{测} \neq \sum \Delta X_{理}$$
$$\sum \Delta Y_{测} \neq \sum \Delta Y_{理}$$

这两者之差称为附合导线的坐标增量闭合差，即：

$$f_X = \sum \Delta X_{测} - (X_C - X_B)$$
$$f_Y = \sum \Delta Y_{测} - (Y_C - Y_B) \qquad (3\text{-}13)$$

③坐标闭合差的限差。

因纵、横坐标闭合差的影响，计算出的 C' 点与已知 C 点不重合，所产生的位移值称为导线全长闭合差。用 f_D 表示，可按下式计算：

$$f_D = \sqrt{f_X^2 + f_Y^2} \qquad (3\text{-}14)$$

仅从 f_D 值的大小还不能表示导线测量的精度，应将 f_D 与导线全长 $\sum D$ 相比，以分子为 1 的分数来表示导线全长相对闭合差 K，即：

$$K = \frac{f_D}{\sum D} = \frac{1}{\dfrac{\sum D}{f_D}} \qquad (3\text{-}15)$$

以导线全长相对闭合差 K 来衡量导线测量的精度，K 的分母越大，精度越高。不同等级的导线全长相对闭合差 $K_{允}$ 详见表 3-3。

如果导线全长相对闭合差超出允许值范围，首先应认真检查计算是否有误，然后检查外业的测量成果，确定不是计算上的错误，则应到现场重测可疑部分或全部重测。若 K 不超过允许值范围，说明满足精度要求，可以进行坐标增量闭合差的分配。

④坐标闭合差的分配。

坐标闭合差的分配按照坐标增量闭合差和边长成正比的原则进行，即将 f_X 和 f_Y 反其符号按边长成正比分配到各边的纵、横坐标增量中。假设 V_{Xi}、V_{Yi} 是第 i 边的坐标增量改正数，D_i 是该边的边长，则：

$$V_{Xi} = -\frac{f_X}{\sum D} D_i$$
$$V_{Yi} = -\frac{f_Y}{\sum D} D_i \qquad (3\text{-}16)$$

纵、横坐标增量之和应满足下式：

$$\sum V_X = -f_X$$
$$\sum V_Y = -f_Y \qquad (3\text{-}17)$$

改正后的纵、横坐标增量之代数和应分别为零，以此作为计算检核。

(5) 改正后的坐标增量计算。

如图 3-10 所示，由 B 到 1 的改正后坐标增量为：

$$\Delta X'_{B1} = \Delta X_{B1} + V_{XB1}$$
$$\Delta Y'_{B1} = \Delta Y_{B1} + V_{YB1} \qquad (3\text{-}18)$$

(6)各导线点坐标的计算。

各导线点的坐标是根据已知点的坐标值及调整后的坐标增量逐点进行推算,如图3-10所示,B 点坐标已知,则1点的坐标为:

$$X_1 = X_B + \Delta X'_{B1} = X_B + \Delta X_{B1} + V_{XB1}$$

$$Y_1 = Y_B + \Delta Y'_{B1} = Y_B + \Delta Y_{B1} + V_{YB1} \tag{3-19}$$

以此类推,可求得2、3、4、5点的坐标,最后特别注意由5推$C(X_C、Y_C)$点的坐标应与已知坐标相同,以此作为计算检核。

整个附合导线的计算过程详见表3-4。

附合导线坐标计算 表3-4

点号	观测左角(° ′ ″)	改正数(″)	改正后角值(° ′ ″)	坐标方位角(° ′ ″)	距离(m)	坐标增量		改正后坐标增量		坐标(m)	
						ΔX(m)	ΔY(m)	$\Delta X'$(m)	$\Delta Y'$(m)	X	Y
A											
B	48 06 33	+4	48 06 37	137 19 07						5 961.317	5 019.723
1	188 31 37	+4	188 31 41	5 25 44	360.741	+3 359.123	-7 34.130	359.126	34.123	6 320.443	5 053.846
2	277 55 16	+4	277 55 20	13 57 25	382.305	+3 371.018	-7 92.209	371.021	92.202	6 691.464	5 146.048
3	163 49 40	+4	163 49 44	111 52 45	282.626	+2 -105.321	-5 262.269	-105.319	262.264	6 586.145	5 408.312
4	182 36 18	+4	182 36 22	95 42 29	350.589	+3 -34.869	-7 348.851	-34.866	348.844	6 551.279	5 757.156
5	82 21 50	+4	82 21 54	98 18 51	681.446	+5 -98.538	-13 674.284	-98.533	674.271	6 452.746	6 431.427
C	195 33 20	+4	195 33 24	0 40 45	479.359	+4 479.325	-9 5.682	479.329	5.673	6 932.075	6 437.100
D				16 14 09							
Σ	1138 54 34	+28	1138 55 02		2537.066	970.738	1417.425	970.758	1417.377		

辅助计算	$\alpha'_{CD} = \alpha_{AB} + \Sigma\beta - 7 \times 180° = 16°13'41''$ $f_\beta = \alpha'_{CD} - \alpha_{CD} = -28''$ $f_{\beta允} = \pm 60\sqrt{n} = \pm 158''$ $f_\beta < f_{\beta允}$	$f_X = \Sigma\Delta X - (X_C - X_B)$ $f_Y = \Sigma\Delta Y - (Y_C - Y_B)$ $f_D = \sqrt{f_X^2 + f_Y^2}$ $K = \dfrac{f_D}{\Sigma D} = \dfrac{1}{48\ 790} < \dfrac{1}{2\ 000}$

2. 闭合导线坐标计算

现以图3-11中的实测数据为例,介绍附合导线计算的步骤,具体计算过程详见表3-5。

闭合导线坐标计算　　　　　　　　　　　　　　　　　　　　　　　表3-5

点号	观测左角 (° ′ ″)	改正数 (″)	改正后角值 (° ′ ″)	坐标方位角 (° ′ ″)	距离 (m)	坐标增量(m) ΔX(m)	坐标增量(m) ΔY(m)	改正后坐标增量 ΔX′(m)	改正后坐标增量 ΔY′(m)	坐标(m) X	坐标(m) Y
A											
B	128 05 05	+5	128 05 10	145 37 45						6 094.071	3 310.624
1	112 47 14	+5	112 47 19	93 42 55	153.410	−2 −9.941	+7 153.088	−9.943	153.095	6 084.128	3 463.719
2	125 06 00	+5	125 06 05	26 30 14	109.181	−2 97.707	+5 48.723	97.705	48.728	6 181.833	3 512.447
3	63 47 43	+5	63 47 48	331 36 19	126.705	−2 111.461	+6 −60.254	111.459	−60.248	6 293.292	3 452.199
B	290 13 33	+5	290 13 38	215 24 07	244.406	−4 −199.217	+12 −141.587	−199.221	−141.575	6 094.071	3 310.624
A				145 37 45							
Σ	719 59 35	+25	720 00 00		633.702	0.010	−0.030	0	0		

辅助计算：

$f_\beta = \Sigma\beta_测 = -25''$

$f_{\beta允} = \pm 60\sqrt{n} = \pm 134''$

$f_\beta < f_{\beta允}$

$f_X = \Sigma\Delta X = +0.010 \text{m}$

$f_Y = \Sigma\Delta Y = -0.030 \text{m}$

$f_D = \sqrt{f_X^2 + f_Y^2} = 0.032 \text{m}$

$K = \dfrac{f_D}{\Sigma D} = \dfrac{1}{19\,803} < \dfrac{1}{2\,000}$

闭合导线计算与附合导线的计算基本相同。由于起闭点重合,所构成的图形为多边形,闭合导线一律测内角,根据平面几何学原理,n边形内角和应满足的条件为:

$$\Sigma\beta_理 = (n-2) \times 180° \quad (3\text{-}20)$$

由于观测角存在误差,使得实测内角和与理论上的内角和会不相等,所以坐标方位角闭合差为:

$$f_\beta = \Sigma\beta_测 - \Sigma\beta_理 = \Sigma\beta_测 - (n-2) \times 180° \quad (3\text{-}21)$$

其中:n为多边形中边的条数,β为内折角。

闭合导线的纵、横坐标增量代数和在理论上应等于零,即:

$$\Sigma\Delta X_理 = 0$$
$$\Sigma\Delta Y_理 = 0 \quad (3\text{-}22)$$

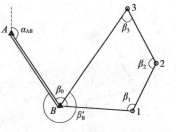

图3-11　闭合导线计算图

实际上,由于测角和量边的误差使得$\Sigma\Delta X$和$\Sigma\Delta Y$不为零,而产生纵坐标增量闭合差f_X和横坐标增量闭合差f_Y,即:

$$f_X = \Sigma\Delta X_测 - \Sigma\Delta X_理 = \Sigma\Delta X_测$$
$$f_Y = \Sigma\Delta Y_测 - \Sigma\Delta Y_理 = \Sigma\Delta Y_测 \quad (3\text{-}23)$$

其他计算均与附合导线相同。

特别注意:如果闭合导线测量中的连接角测错或已知点坐标抄错,在计算过程中是无法发现的,尽管 f_D、f_X、f_Y 都可能很小,但计算结果都是错的。因此,在实际工作中,能用附合导线时应尽可能避免使用闭合导线。

3. 支导线坐标计算

由于支导线中没有多余观测值,因此不会产生任何的闭合差,导线的转折角和计算的坐标增量不需要进行改正。支导线坐标计算的具体步骤如下:

(1)根据观测的转折角推算各边坐标方位角。
(2)根据各边的边长和方位角计算各边的坐标增量。
(3)根据各边的坐标增量推算个点的坐标。

特别注意,因支导线缺乏检核条件,不易发现错误,故一般不宜采用。

第三节 交会定点测量

在山区或通视条件良好的地方,如果原有控制点的数量不能满足施工或测图需要时,往往可以采用交会定点的方法进行加密控制,这种方法的图形结构简单,外业工作简易,交会定点法根据布设形式的不同可以分为:前方交会、后方交会、测边交会和侧方交会。

一、前方交会

前方交会就是在两个已知点上观测角度,通过计算求得待定点的坐标值。

如图 3-12 所示,A、B 为已知控制点,P 为待求点,在 A、B 两点上安置仪器,分别测量 α、β 角,通过计算可以求得 P 点的坐标。

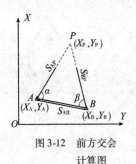

图 3-12 前方交会计算图

1. 前方交会的计算公式

由图 3-12 可得:

$$X_P = X_A + S_{AP} \cdot \cos\alpha_{AP}$$
$$Y_P = Y_A + S_{AP} \cdot \sin\alpha_{AP} \quad (3-24)$$

式中:$\alpha_{AP} = \alpha_{AB} - \alpha$;$S_{AP} = \dfrac{S_{AB} \cdot \sin\beta}{\sin(180° - \alpha - \beta)}$

若 A(已知点)、B(已知点)、P(待定点)按逆时针编号,可得前方交会求 P 点的余切公式为:

$$X_P = \frac{X_A \cdot \cot\beta + X_B \cdot \cot\alpha - Y_A + Y_B}{\cot\alpha + \cot\beta}$$
$$Y_P = \frac{Y_A \cdot \cot\beta + Y_B \cdot \cot\alpha - X_B + X_A}{\cot\alpha + \cot\beta} \quad (3-25)$$

2. 前方交会的计算

为了避免外业观测发生错误,检校测量成果的可靠性,一般规范都要求选择三个已知点组成两个三角形作两组前方交会。

如图 3-13 所示，在 A、B、C 三个已知点向 P 点观测，测出了 α_1、β_1、α_2、β_2 四个角度，分别按 A、B、P 和 B、C、P 两组求出 P 点的坐标。当两组坐标的较差在允许范围内时，则取它们的平均值作为 P 点最后坐标。在一般的测量规范中，对于图根控制测量而言，其较差应不大于比例尺精度的 2 倍，用公式表示为：

$$\Delta_S = \sqrt{\delta_X^2 + \delta_Y^2} \leq 2 \times 0.1 M \quad (3\text{-}26)$$

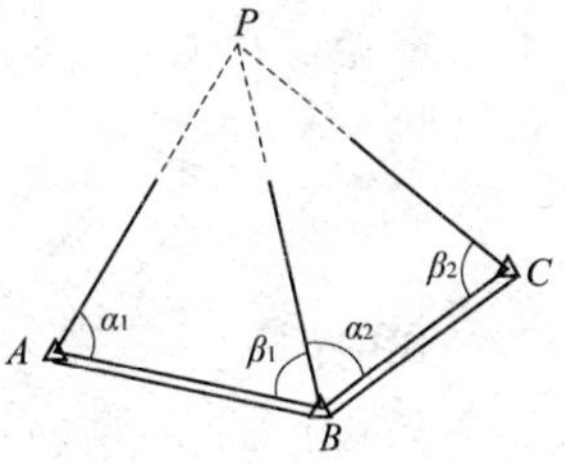

图 3-13 两组前方交会图

其中，δ_X、δ_Y 分别表示 P 点的两组坐标之差，M 为测图比例尺分母。

前方交会计算的算例详见表 3-6。

前方交会计算   表 3-6

计算者：×××				检查者：×××			
示意图				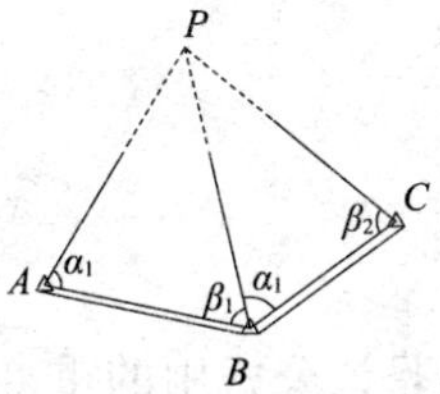 现场图	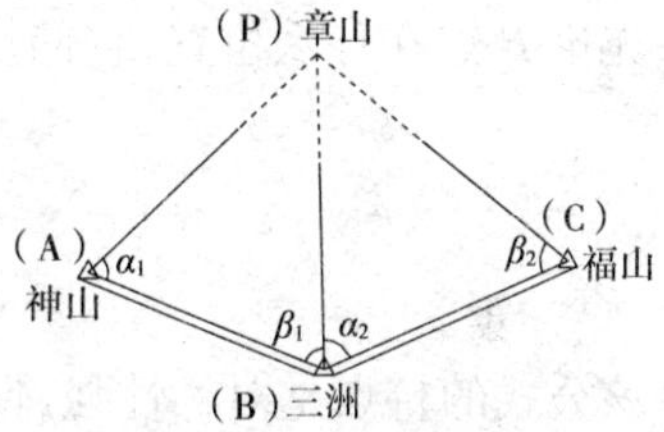		
点 名		观测角(° ′ ″)	X(m)		角度余切		Y(m)
A	神山	α_1	52 14 21	X_A	8 886.949	$\cot\alpha_1$	0.774 585	Y_A	4 980.170
B	三洲	β_1	76 58 51	X_B	8 748.661	$\cot\beta_1$	0.231 221	Y_B	5 590.055
P	章山			X_{P1}	9 386.816	Σ	1.005 806	Y_{P1}	5 587.341
B	三洲	α_2	74 14 38	X_B	8 748.661	$\cot\alpha_2$	0.282 144	Y_B	5 590.055
C	福山	β_2	52 05 03	X_C	8 928.291	$\cot\beta_2$	0.778 923	Y_C	6 216.518
P	章山			X_{P2}	9 386.834	Σ	1.061 067	Y_{P2}	5 587.343
			中数	X_P	9 386.825	中数		Y_P	5 587.342
$\Delta_S = \sqrt{\delta^2 X + \delta^2 Y} = \pm 0.018\text{m}$ $\Delta_允 = \pm 0.2\text{m}$ 注：本例中的测图比例尺为 1∶1 000							

二、后方交会

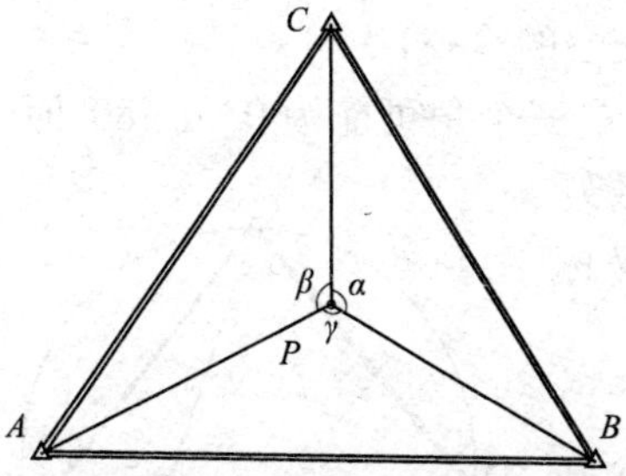

后方交会就是在待定点上对三个或三个以上的已知控制点进行角度观测，从而求得待定点的坐标。如图 3-14 所示，A、B、C 为三个已知点，P 为未知点，在 P 点上架设仪器分别观测 A、B、C 各个方向之间的夹角 α、β、γ，然后根据已知点的坐标即可解算出未知点 P 的坐标。

图 3-14 后方交会示意图

1. 后方交会的仿权计算

后方交会的计算方法有多种，这里仅介绍一种仿权计算公式，由于该计算公式的形式类似于加权平均值的形式，但实际上 P_A、P_B、P_C 并不是权，故得名仿权公式。

未知点 P 的坐标计算式为：

$$X_P = \frac{P_A \cdot X_A + P_B \cdot X_B + P_C \cdot X_C}{P_A + P_B + P_C}$$

$$Y_P = \frac{P_A \cdot Y_A + P_B \cdot Y_B + P_C \cdot Y_C}{P_A + P_B + P_C} \quad (3-27)$$

式中：

$$P_A = \frac{1}{\cot\angle A - \cot\alpha}$$

$$P_B = \frac{1}{\cot\angle B - \cot\beta} \quad (3-28)$$

$$P_C = \frac{1}{\cot\angle C - \cot\gamma}$$

其中：$\angle A$、$\angle B$、$\angle C$ 分别表示 A、B、C 三个已知点构成的三角形的内角。α、β、γ 为在 P 点上架设仪器分别观测 A、B、C 各个方向之间的夹角。

无论 P 点在什么位置，它们均应满足下列等式，即：

$$\alpha = \alpha_{PB} - \alpha_{PC}$$

$$\beta = \alpha_{PC} - \alpha_{PA} \quad (3-29)$$

$$\gamma = \alpha_{PA} - \alpha_{PB}$$

该公式的特点是对称性强，便于记忆，应用方便，但是该公式中的重复运算式较多，如由已知点坐标反算坐标方位角来求得 $\angle A$、$\angle B$、$\angle C$ 和仿权 P_A、P_B、P_C 的计算，只需更换变量就能完成几个计算步骤。

必须强调：起始点 A、B、C 的编号顺序应与观测角 α、β、γ 相对应，即 BC 边所对应的角为 α，AC 边所对应的角为 β，AB 边所对应的角为 γ。

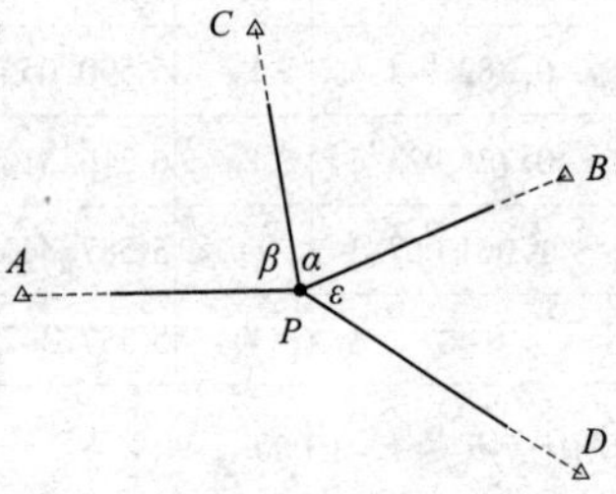

2. 后方交会的检核

为了防止外业观测中的 α、β 观测错误或内业计算中已知点抄写错误，需要一个多余观测作为检核。如图 3-15 所示，先在未知点 P 上观测四个已知方向，计算出两组结果便于检核。检核的方式有两种：一种是取四个已知点中的三个为一组，分作两个后方交会图形，根据两组图形计算出的 P 点坐标互相比较；另一种是取图形结构较好的三个已知点计算 P 点的坐标，第三个角 ε 用作检核角，计算出 $\Delta\varepsilon$ 值，再用 P 点的横向位移允许值作为检核条件（同后侧方交会的检查）。

图 3-15　四点后方交会示意图

必须注意：不要选三个点在一条直线上的图形，若 A、B、C 三个角可能为 $0°$ 或 $180°$ 时，$\cot A$、$\cot B$ 或 $\cot C$ 将为 ∞。通常为了简便，只选取交会角较好的图形进行计算，当算得的横向位移 e 满足要求时，取两组坐标的平均值作为 P 点的最后坐标。

3. 后方交会的危险圆

如图 3-16 所示，若未知点 P 正好选在已知 $\triangle ABC$ 的外接圆的圆周上时，观测角 α、β 在圆周上的任何位置其角值均不变，在这种情况下，无论运用后方交会的哪一种计算公式都解不出 P 点的坐标，我们把已知 $\triangle ABC$ 的外接圆的圆周称为后方交会的危险圆。

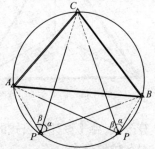

图 3-16　危险圆示意图

以仿权公式为例,当 P 点位于△ABC 的外接圆的圆周上,观测角和已知角必有如下关系:
∠A = α、∠B = β、∠C = 360° - γ,则:

$$P_A = \frac{1}{\cot\angle A - \cot\alpha} = \infty$$

$$P_B = \frac{1}{\cot\angle B - \cot\beta} = \infty \quad (3\text{-}30)$$

$$P_C = \frac{1}{\cot\angle C - \cot\gamma} = \infty$$

因此,后方交会点不能布设在危险圆上,也不能靠近危险圆,规定未知点 P 离开危险圆的距离不得小于该圆半径的 1/5,判断未知点 P 离开危险圆的方法主要有:
(1)图解法:使用为较准确的观测略图判断。
(2)解析法:应使∠α、∠β、∠C 三个角度的和不在 160°~200°。
在实际工作中,选取计算图形时一定要考虑危险圆问题,当未知点 P 位于已知点构成的三角形内部时,既能避开危险圆又能提高交会精度。

三、测边交会

测边交会就是在已知点或未知点上设站测定已知点和未知点之间的距离,通过计算来求得未知点 P 的坐标,其具体的计算方法主要有两种。

1. 由观测边反求角度计算坐标

如图 3-17 所示,A、B 为已知点,P 为待定点,a、b 为观测边,c 为已知边,利用边长 a、b、c,根据余弦定理可反求出 α、β,再使用余切公式(3-24)可计算出 P 点的坐标。

$$\alpha = \arccos\frac{c^2 + b^2 - a^2}{2bc}$$
$$\beta = \arccos\frac{c^2 + a^2 - b^2}{2ac} \quad (3\text{-}31)$$

2. 由观测边直接计算坐标

如图 3-18 所示,在△ABP 中,设由 P 点向 AB 边作垂线,垂足为 O,高为 h,PO 将 AB 边分成了 a_1 和 b_1 两段,显然:$a_1 + b_1 = S_{AB}$,在△APO 中,则有:$\cot\alpha = \frac{b_1}{h}$。

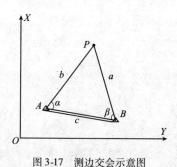

图 3-17 测边交会示意图

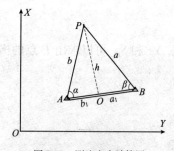

图 3-18 测边交会计算图

在 $\triangle BPO$ 中,则有: $\cot\beta = \dfrac{a_1}{h}$

将上式代入余切公式(3-25)中,则:

$$X_P = \dfrac{a_1 \cdot X_A + b_1 \cdot X_B - h(Y_A - Y_B)}{a_1 + b_1}$$

$$Y_P = \dfrac{a_1 \cdot Y_A + b_1 \cdot Y_B - h(X_A - X_B)}{a_1 + b_1}$$ (3-32)

通常称式(3-32)为变形的戎格公式。

由图3-18可知:

$$h = \sqrt{a^2 - a_1^2} = \sqrt{b^2 - b_1^2}$$ (3-33)

在使用变形的戎格公式(3-32)时,必须注意 A、B、P 是逆时针方向编号,并使 $\angle A$、$\angle B$、$\angle P$ 所对应的边为 a、b、c。

在实际作业中,为了检核和提高交会点 P 的精度,一般要用三个已知点向待定点测定三条边长,让每两条观测边组成一组计算图形,采用两组较好的交会图形计算 P 点的坐标,当两组算得的点位较差 e 不大于2倍的测图比例尺精度时($2 \times 0.1M$),取其平均值为 P 点的坐标。

四、侧方交会

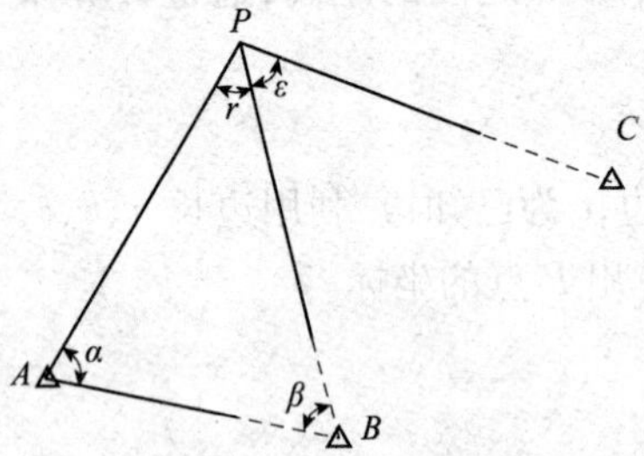

侧方交会就是在一个已知控制点和待定点上测角来计算待定点坐标的方法。

如图3-19所示,在已知点 A 和待求点 P 架设仪器分别观测了 α 和 γ,则可以计算出 B 点角度 β,即: $\beta = 180° - (\alpha + \gamma)$,这样就和前方交会的方法一致,可根据 A、B 两点的坐标和 α、β 角度,按前方交会的公式计算出 P 点的坐标。

图3-19 侧方交会示意图

侧方交会测定 P 点时,一般采用检查角的方法来检核观测成果的正确性,就是在 P 点向另一已知点 C 观测检查角 $\varepsilon_{测}$,再根据已知点 B、C 的坐标和求得的 P 点坐标算出 $\varepsilon_{算}$,

$$\varepsilon_{算} = \alpha_{PB} - \alpha_{PC}$$ (3-34)

则可求得计算值 $\varepsilon_{算}$ 和检查角 $\varepsilon_{测}$ 的较差为:

$$\Delta\varepsilon = \varepsilon_{算} - \varepsilon_{测}$$ (3-35)

根据 $\Delta\varepsilon$ 和 S_{PC} 可以求出 P 点的横向位移 e:

$$e = \dfrac{S_{PC} \cdot \Delta\varepsilon''}{\rho''}$$

即有:

$$\Delta\varepsilon = \dfrac{e}{S_{PC}} \cdot \rho$$ (3-36)

一般测量规范中规定允许的最大横向位移 e 不应大于测图比例尺的 2 倍，即：

$$e_{允} \leq 2 \times 0.1M \ (M \text{ 为测图比例尺的分母})$$

则 $e_{允}$ 所对应的圆心角 $\Delta\varepsilon_{允}$ 为：

$$\Delta\varepsilon_{允} \leq \frac{0.2M}{S_{PC}} \cdot \rho \tag{3-37}$$

式中：S_{PC} 以毫米为单位，$\rho = 206\,265$。

从上式可以看出，当边长 S_{PC} 太短时 $\Delta\varepsilon_{允}$ 会太大，因此对检核边的长度应作适当限制，不宜太短。

通过检查角来检核是否有错误或误差是否超限，实际上是通过 P 点对于 PC 方向的横向位移来检查的，但 PC 方向的纵向位移却不能由此发现，所以侧方交会法是不够全面的。

第四节 高程控制测量

高程控制测量是控制测量的重要组成部分，其主要任务就是测定高程控制网内各控制点的高程，为进行各种比例尺测图和各种工程建设提供必要的高程控制基础。建立高程控制网的常用方法是水准测量、三角高程测量、GPS 高程测量和液体静力水准等。小区域内高程控制测量通常采用水准测量和三角高程测量。水准测量是高程控制测量中最基本和精度最高的一种测量方法，广泛应用于国家等级高程控制测量、工程勘测和施工测量等方面；由于测距仪和全站仪的广泛普及，三角高程测量的精度得到很大的提高。下面主要介绍三、四等水准测量和三角高程测量的方法。

一、三四等水准测量

三、四等水准测量是国家高程控制网的加密方法，在小区域的地形图和施工测量中，多采用三、四等水准测量作为基本的高程控制。

1. 水准点的选点与埋石

水准点可以分为永久性和临时性两种，国家水准点和工程建设中的主要水准点均应埋设永久性标志，临时水准点可用木桩钉设，也可设在固定物体的顶面（如建筑物顶面、桥梁基础顶面等）。

水准点应选在土质坚硬、安全僻静、便于观测和利于长期保存的地方，应避开交通干道、地下管线、水源地、河岸、松软填土、滑坡地段及其他易使标志遭到破坏的地方。水准点可以单独埋设标石，也可以与平面控制点共用。水准点的标石柱体可先行预制，也可以现场混凝土浇灌埋设。水准点埋设后应现场绘制点之记，并拍摄多个方位的点位数码相片。

三、四等水准点的布点间距，一般地区为 2～3km，工业区为 1～2km，山区应小于 1km，应视具体情况而定，但一个测区及其周围至少应有三个水准点。

2. 三、四等水准测量的主要技术要求

三、四等水准测量应从附近的国家一、二等水准点引测高程。根据现有水准测量规范，三、四等水准测量的主要技术要求详见表3-7。

三、四等水准测量的主要技术要求　　　　　　　　表3-7

等级	每千米高差中数中误差（mm）		仪器类别	视线长度（m）	前后视距差（m）	前后视距累积差（m）	视线离地面最低高度（m）	检测已测测段高差之差（mm）	附合路线或环线闭合差（mm）
	M_Δ	M_W							
三	±3.0	±6.0	DS3	≤75	≤3	≤6	0.3	$20\sqrt{R}$	$12\sqrt{L}$
			DS1、DS05	≤100					
四	±5.0	±10.0	DS3	≤100	≤5	≤10	0.2	$30\sqrt{R}$	$20\sqrt{L}$
			DS1、DS05	≤150					

注：1. 表中 M_Δ、M_W 分别为每千米高差中数偶然中误差和每千米高差中数全中误差。
　　2. 表中 R 为检测测段的长度，L 为附合路线或环线长度，均以千米计。

3. 三、四等水准测量的外业观测

三、四等水准测量采用尺垫作转点尺承，尺垫质量不小于1kg。观测工作应在通视良好、标尺分划线成像清晰稳定的情况下进行，既可以采用光学水准仪，也可以采用数字水准仪。下面分别介绍在一测站上的操作程序。

（1）光学水准仪配合双面尺法。

①架稳脚架整平仪器后，将望远镜对准后视标尺，观测后尺的黑面，读上、中、下三丝，将读数记录在表3-8中（1）、（2）、（3）的相应位置。

②旋转望远镜照准前视标尺，观测前尺的黑面，读上、中、下三丝，将读数记录在表3-8中（4）、（5）、（6）的相应位置。

③观测前视标尺的红面，只读中丝，将读数记录在表3-8中（7）的相应位置。

④观测后视标尺的红面，只读中丝，将读数记录在表3-8中（8）的相应位置。

上述四步的观测顺序为便于记忆可称为"后—前—前—后"或"黑—黑—红—红"。其优点是可以大大减弱仪器下沉等误差的影响。

四等水准测量的精度相对较低，每站观测顺序可采用"后—后—前—前"或"黑—红—黑—红"。

（2）数字水准仪配合条码尺法。

①架稳脚架整平仪器后，将望远镜对准后视标尺，用垂直丝照准条码中央，精确调焦至条码影像清晰，按测量键。

②显示读数后，旋转望远镜照准前视标尺条码中央，精确调焦至条码影像清晰，按测量键。

③显示读数后，重新照准前视标尺，按测量键。

④显示读数后，旋转望远镜照准后视标尺条码中央，精确调焦至条码影像清晰，按测量键。

由于使用电子水准仪不需要人工记录，仪器会把数据自动记录到内存卡里，测站检核合格后便可迁站。四等水准测量的每站观测顺序可采用"后—后—前—前"。

三、四等水准观测记录表

表 3-8

测站编号	后尺 下丝 上丝	前尺 下丝 上丝	方向及尺号	标尺读数(mm)		$K+$黑$-$红	高差中数	备注
	后距	前距		黑面	红面			
	视距差 d(mm)	Σd(mm)						
	(1)	(4)	后	(3)	(8)	(14)		
	(2)	(5)	前	(6)	(7)	(13)		$K_1=4\ 687$
	(9)	(10)	后—前	(15)	(16)	(17)	(18)	$K_2=4\ 787$
	(11)	(12)						
1	1 233	1 542		1 301	5 987	+1		
	1 365	1 680		1 606	6 393	0		
	13.5	13.8		−0.305	−0.406	+1	−0.305 5	
	−0.3	−0.3						
2	0 912	1 872		1 205	5 992	0		
	1 494	2 453		2 159	6 846	0		
	58.2	58.1		−0.954	−0.854	0	−0.954	
	0.1	−0.2						
3	1 126	1 234		1 345	6 032	0		
	1 558	1 670		1 447	6 235	−1		
	43.2	43.6		−0.102	−0.203	+1	−0.102 5	
	−0.4	−0.6						
4	1 744	1 375		1 918	6 705	0		
	2 101	1 728		1 549	6 236	0		
	35.7	35.3		0.369	0.469	0	0.369	
	0.4	−0.2						
测段计算	$\Sigma(9)+\Sigma(10)=150.6+150.8=301.4$ $\Sigma(9)-\Sigma(10)=150.6-150.8=-0.2$ $[\Sigma(3)+\Sigma(8)]-[\Sigma(6)+\Sigma(7)]=-1.986$ $\Sigma(15)+\Sigma(16)=-1.986$ $2\Sigma(18)=-1.986$							

4.一个测站上的计算与检核

(1)视距计算与检核。

如表 3-8 所示,由前、后视的上、下丝读数可计算出前、后视的距离(9)、(10):

后视距离　　(9) = (1) − (2)

前视距离　　(10) = (4) − (5)

前、后视距差　(11) = (9) − (10)

前、后视距累积差　本站(12) = 上站的(12) + 本站(11)

相关的限差要求详见表 3-7。

(2)同一根水准尺黑、红面零点差的检核。

如表3-8所示，k 为双面水准尺的红面分划与黑面分划的零点差，配套使用的两把尺的零点差 k 分别为 4 687 或 4 787，同一根水准尺黑面中丝读数加 k（4 687 或 4 787）减红面读数，理论上应为零，但由于误差的影响不一定为零。根据误差理论，规定同一根水准尺其红、黑面中丝读数差按下式计算：

$$(13) = (6) + k - (7)$$
$$(14) = (3) + k - (8)$$

上式(13)、(14)的限差大小，三等水准测量规定不得超过 2 mm，四等水准测量规定不得超过 3 mm。

(3)高差的计算与检核。

黑面高差　　$(15) = (3) - (6)$

红面高差　　$(16) = (8) - (7)$

检核　　$(17) = (15) - [(16) \pm 0.100] = (14) - (13)$

上式中(17)的限差大小，三等水准测量规定不得超过 3 mm，四等水准测量规定不得超过 5 mm。其中 ± 0.100 为两根水准尺零点之差，以米(m)为单位。当检核符合要求后，取其平均值作为该站的观测高差：

$$(18) = \frac{(15) + [(16) \pm 0.100]}{2}$$

5. 一个测段的计算与检核

一个测段计算与检核的内容主要包括测段总长度、视距累积差和总高差。

(1)视距部分。

测段总长度：$D = \sum(9) + \sum(10)$

末站的视距累积差应为后视距离总和减前视距离总和，即：

末站 $(12) = \sum(9) - \sum(10)$

(2)高差部分。

$\sum(3) - \sum(6) = \sum(15) = \sum h_黑$　　　　$\sum[(3)+K] - \sum(8) = \sum(14)$

$\sum(8) - \sum(7) = \sum(16) = \sum h_红$　　　　$\sum[(6)+K] - \sum(7) = \sum(13)$

当测站数为偶数时：$\sum h_中 = \dfrac{\sum h_黑 + \sum h_红}{2}$

当测站数为奇数时：$\sum h_中 = \dfrac{\sum h_黑 + [\sum(h_红 \pm 0.100)]}{2}$

6. 水准测量线路成果计算

水准测量成果计算就是根据已知点高程和各测段的观测高差，求出待定点的高程值。详见第二章第一节内容，故不在此赘述。

二、三角高程测量

1. 三角高程测量的基本原理

在山区或地面高低起伏较大的地方，若采用水准测量的方法，不但测定未知点的高程非常缓慢，有时难以达到精度，甚至不可能实现，但是随着测距仪和全站仪的普及，可以采用三角高程测量的方法传递高程。该方法就是根据两点间的水平距离和利用仪器观测的垂直角,应用三角公式计算两点间的高差。

根据现行的工程测量规范,采用三角高程测量传递高程可以达到四等、五等水准的精度,但要求在测区内有一定数量的水准点高程作为起算数据。

2. 三角高程的计算公式

如图 3-20 所示,假设地面上有两点 A 和 B,已知 A 点的高程为 H_A,只要知道 A、B 两点间的高差 h_{AB},便可求得 B 点高程 H_B 为:

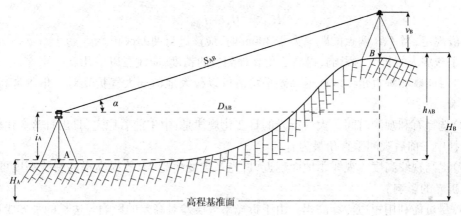

图 3-20　三角高程测量

$$H_B = H_A + h_{AB} \tag{3-38}$$

假设 A、B 两点的距离不太远,并将水准面当成水平面,也不考虑大气折光的影响。在 A 点安置全站仪,在 B 点安置棱镜,测得竖直角为 α,量得仪器高为 i_A,棱镜高为 v_B,A、B 两点间的平距为 D_{AB},斜距为 S_{AB},则 A、B 两点间的高差 h_{AB} 为:

$$h_{AB} = D_{AB} \cdot \tan\alpha + i_A - v_B = S_{AB} \cdot \sin\alpha + i_A - v_B \tag{3-39}$$

则 B 点高程为:

$$H_B = H_A + D_{AB} \cdot \tan\alpha + i_A - v_B = H_A + S_{AB} \cdot \sin\alpha + i_A - v_B \tag{3-40}$$

以上是三角高程测量的基本公式。

为了提高测量精度,在实际工作中通常分别在 A、B 两点设站,并量取仪器高和觇标高,相互观测垂直角,这样的观测方法称为对向观测;由已知高程点设站观测未知高程点的垂直角称为直觇,由未知高程点设站观测已知高程点的垂直角称为反觇。

当 A、B 两点的距离较远时,三角高程需要顾及地球曲率和大气折光的影响。通常把地球弯曲对高差的影响称为球差 f_1,把大气折光对高差的影响称为气差 f_2,球差和气差合称为两差,f_1 和 f_2 的近似计算公式分别为:

$$f_1 = \frac{D^2}{2R} \tag{3-41}$$

$$f_2 = -k \cdot \frac{D^2}{2R} \tag{3-42}$$

则有:

$$f = f_1 + f_2 = (1-k)\frac{D^2}{2R} \tag{3-43}$$

式中：R 为地球半径，一般取 $R=6371\text{km}$；k 为大气折光系数，随气温、气压、湿度、日照、时间、地面情况和视线高度等因素而改变，一般取其平均值，令 $k=0.14$，则有：

$$f = 0.43 \frac{D_{AB}^2}{R} \quad (3-44)$$

加入球气差改正后的 h_{AB} 和 B 点高程计算公式为：

$$h_{AB} = D_{AB} \times \tan\alpha + i_A - v_B + 0.43\frac{D_{AB}^2}{R} = S_{AB} \times \sin\alpha + i_A - v_B + 0.43\frac{D_{AB}^2}{R} \quad (3-45)$$

$$H_{AB} = H_A + h_{AB} \quad (3-46)$$

一般规定，当 A、B 两点的距离大于 300m 时，应该进行两差改正。

为了减弱大气折光的影响，提高三角高程测量的精度，应注意以下几点：

（1）对向观测垂直角。取往返高差平均值可以极大地消弱大气折光对三角测量高差计算的影响。

（2）选择有利观测时间。大气折光的日变化规律是：中午前后稳定，日出日落变化较大，一般选择中午前后观测垂直角最为有利。

（3）提高视线高度。视线距地面越近，折光系数变化越大，故提高提高视线高度可以减弱大气折光的影响。

（4）尽可能利用短边传算高程。由于折光系数误差对高差的影响与边长的平方成正比，故利用短边传递高程比长边有利。

3. 三角高程测量和内业计算

（1）三角高程外业观测。

①在测站上安置经纬仪或全站仪并对中整平，量仪器高 i；在目标点上安置觇牌或反光棱镜，量取觇牌高 v，量高度时，要求读至 mm，并量两次取其平均值作为最终高度值。

②用十字丝的中丝瞄准目标，测量边长并读取竖盘读数，然后记录到相应的表格中。

（2）三角高程内业计算。

①检查外业观测资料，确保观测资料正确无误。

②绘制三角高差计算略图，如图 3-21 所示。

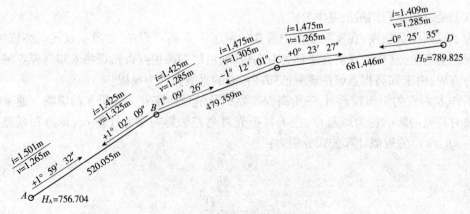

图 3-21 三角高程测量数据略图

③抄录各项观测数据。

④高差、高程计算，详见表 3-9、表 3-10。

三角高程测量高差计算(单位:m) 表 3-9

测站点	A		B		C	
目标点	B		C		D	
方向	往测	返测	往测	返测	往测	返测
水平距离 D	520.055		479.359		681.446	
竖直角 α	+1°59′32″	-2°02′09″	+1°09′26″	-1°12′01″	+0°23′27″	-0°25′35″
仪器高 i	1.501	1.425	1.425	1.475	1.475	1.409
目标高 v	1.265	1.325	1.285	1.305	1.265	1.285
两差改正 f	0.018	0.018	0.016	0.016	0.028	0.028
高差 h	18.344	-18.368	9.839	-9.857	4.886	-4.919
$f_{\Delta h 允}$	±0.052		±0.048		±0.068	
平均高差 $\bar{h}$	+18.356		+9.848		+4.902	

三角高程测量路线计算(单位:m) 表 3-10

点号	水平距离(m)	观测高差(m)	改正数(m)	改正后高差(m)	高程(m)	备注
A					756.704	已知点
	520.055	+18.356	+0.005	+18.361		
B					775.065	
	479.359	+9.848	+0.004	+9.852		
C					784.917	
	681.446	+4.902	+0.006	+4.908		
D					789.825	已知点
Σ	1 680.860	+33.106	+0.015	+33.121		
计算信息	$f_h = H_A + \sum h - H_B = 756.704 + 33.106 - 789.825 = -0.015$ $[D^2] = 0.9646$ $f_{h允} = ±0.05\sqrt{[D^2]} = ±0.046$ $f_h < f_{h允}$					

当用三角高程测量方法测定平面控制点的高程时,应组成闭合或符合的三角高程路线。每边均需进行对向观测,一般规定为每段往返测所得的高差允许值 $f_{\Delta h 允}$ 为:

$$f_{\Delta h 允} = ±0.1Dm \tag{3-47}$$

式中:D 为两点间的水平距离(km)。

由对向观测所求得的高差平均值,计算出闭合环线或符合路线的高程闭合差的限值 $f_{h允}$ 为:

$$f_{h允} = ±0.05\sqrt{[D^2]}m \tag{3-48}$$

式中:D 为各边的水平距离(km)。

当 f_h 不超过 $f_{h允}$ 时,按边长成正比例的原则,将 f_h 反符号分配于各高差之中,然后用改正后的高差,由起始点的高程计算出各待求点的高程。

本 章 小 结

1. 施工控制测量是施工测量的基础性工作,施工控制网通常分为平面控制网和高程控制网两种。施工控制网相对于测图控制网而言,一般具有施工控制范围小,控制点的密度大,精度要求高;受施工干扰大,使用频繁;常采用独立的坐标系统和高程系统;中央子午线和投影面的选择与测区的中央子午线和高程面有关等特点。施工控制网的布设一般根据工程性质、工程规模、场地大小、精度要求和地形情况的不同而决定。

2. 导线控制测量是建立基本平面控制的方法之一,主要工作是测定导线的边长和转折角;导线测量的布设形式可分为附合导线、闭合导线、支导线和导线网。导线测量的外业工作主要包括:野外踏勘选点、造标埋石、转折角(水平角)观测、导线边长测量和导线定向等。导线测量的内业工作主要包括:角度闭合差的计算和调整、坐标方位角的推算、坐标增量的计算、坐标增量闭合差的计算和调整、各导线点坐标计算。

3. 在山区或通视条件良好的地方,可以采用交会定点的方法进行加密控制,交会定点法的布设形式可以分为:前方交会、侧方交会、后方交会和测边交会。后方交会中未知点若正好选在已知$\triangle ABC$的外接圆的圆周上时,无论运用后方交会的哪一种计算公式都解不出该点的坐标,我们把已知$\triangle ABC$的外接圆的圆周称为后方交会的危险圆。判断未知点离开危险圆的方法主要有:图解法和解析法。

4. 高程控制测量是控制测量的重要组成部分,建立高程控制网的常用方法是水准测量和三角高程测量。光学水准仪配合双面尺法进行水准测量时一个测站上的计算与检核包括:视距计算与检核,同一根水准尺黑、红面零点差的检核,高差的计算与检核;一个测段的计算与检核包括:视距和高差。

5. 当地面起伏较大时,通常采用三角高程测量的方法传递高程。它是根据两点间的水平距离和利用仪器观测的垂直角,应用三角公式计算两点间的高差。对于边长超过300m时,应加球气差改正数;为提高观测高差的精度,宜采用对向观测垂直角、选择有利观测时间、提高视线高度和尽可能利用短边传算高程。

思考题与习题

1. 施工控制网通常如何分类?
2. 施工控制网相对于测图控制网而言,一般具有哪些特点?
3. 施工控制网的布设原则是什么?
4. 什么是导线测量?导线测量的布设形式有哪几种?导线测量的内、外业工作包括哪些内容?
5. 导线测量的内业计算中如分配方位角闭合差和坐标闭合差?应如何衡量导线测量中精度情况?
6. 什么是三联脚架法?采用三联脚架法测导线有什么优点?
7. 闭合导线1、2、3、4 的观测数据如下:$\beta_1 = 89°36'36''$,$\beta_2 = 107°48'34''$,$\beta_3 = 73°00'18''$,$\beta_4 = 89°33'42''$,$D_{12} = 105.22$m,$D_{23} = 80.18$m,$D_{34} = 129.34$m,$D_{41} = 78.16$m,其已知数据为:$x_A = 1000.00$m,$y_A = 1000.00$m,12 边的坐标方位角$\alpha_{12} = 125°30'30''$。试

用表格计算2、3、4点的坐标并画出略图(所测内角为左连接角)。

8.附合导线(图根)$AB12CD$的观测数据如图3-22所示,试用表格计算1、2点的坐标。已知数据为: $X_B = 23\,746.460$, $Y_B = 34\,699.716$; $X_C = 24\,009.755$, $Y_C = 36\,106.300$, $a_{AB} = 126°10'50''$, $a_{CD} = 115°16'48''$。

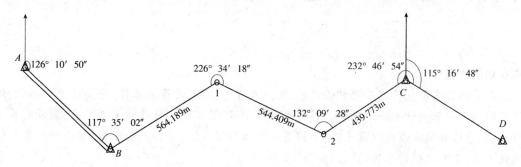

图3-22 附合导线测量数据略图

9.交会定点法的布设形式有哪些?并简述它们之间有什么不同?

10.高程控制测量中,简述采用光学水准仪配合双面尺法和数字水准仪配合条码尺法有何异同。

11.光学水准仪配合双面尺法进行水准测量时一个测站上的计算与检核包括哪些内容?

12.三角高程的测量原理是什么?

13.三角高程测量时为何要进行"两差"改正?它们对观测的高差有什么影响?

14.什么是对向观测?直觇和反觇是如何定义的?

15.为了提高三角高程测量的精度,减弱大气折光的影响,应采用什么方法?

16.试完成表3-11的三角高程测量高差计算内容。

三角高程测量高差计算(单位:m)   表3-11

测站点	A		B	
目标点	B		C	
方向	往测	返测	往测	返测
水平距离 D	382.305		360.741	
竖直角	$-7°19'15''$	$+7°17'25''$	$-12°32'23''$	$+12°30'36''$
仪器高 i	1.420	1.432	1.432	0.232
目标高 v	1.305	1.345	0.115	1.345
两差改正 f				
高差 h				
$f_{\Delta h允}$				
平均高差 $\bar{h}$				

第四章 施工测设的基本工作

本章知识要点：
　　本章内容主要包括施工测量的内容、特点及原则、测设的基本工作、平面点位的测设、坡度线的测设以及测设方法的选择。通过本章的学习，了解施工测量的主要任务、测设的基本概念；熟悉已知坡度线的测设方法、如何灵活选择测设方法；掌握水平距离、水平角和高程的测设方法、平面点位的常用的测设方法。

第一节　施工测量概述

一、概述

　　各项工程建筑物在施工阶段所进行的测量工作称为施工测量。施工测量的主要任务是把图纸上设计好的建筑物或构筑物的平面位置和高程，按照设计要求，以一定精度测设到施工作业面上，作为施工的依据，并在施工过程中进行一系列测量工作，以指导和衔接各工序间的施工。
　　施工测量的实质是测设点位。通过距离、角度和高程三个元素的测设，实现建筑物点、线、面、体的放样。施工测量的主要内容包括施工控制网的建立；依据设计图纸要求进行建(构)筑物的放样以及构件与设备安装的测量工作；每道施工工序完成后，通过测量检查各部位的平面位置和高程是否符合设计要求；随着施工的进展，对一些大型、高层或特殊建(构)筑物，为了监视它的安全性和稳定性，还要进行变形观测，确保施工和建筑物的安全。总之，施工测量贯穿于施工的始终。

二、施工测量的特点

　　（1）施工测量的精度不取决于设计图比例尺，而是根据建(构)筑物的大小、性质、所用材料、用途和施工方法等的不同来确定测设精度。一般测设的精度要高于测绘地形图的精度。一般高层建筑施工测量精度应高于低层建筑，装配式建筑物的测设精度应高于非装配式建筑物，钢结构建筑物的测设精度应高于钢筋混凝土结构的建筑物。
　　（2）施工测量贯穿于施工的全过程，施工测量工作直接影响工程的质量及施工进度，因此，测量人员必须了解设计内容及其对测量工作的要求，熟悉图纸，及时了解施工方案和进度，密切配合施工，要时时处处为满足施工进程的要求、为保证施工质量服务。
　　（3）施工现场工种多，交叉作业频繁，车流、人流复杂，对测量工作影响较大。测设方法应力求简捷、快速、可靠，注意人身、仪器和测量标志的安全。各种测量标志必须稳固、坚实地埋设于便于使用、保管和不易破坏处，如有破坏，应及时恢复。

三、施工测量的原则

施工测量与测绘地形图一样,也要遵循"从整体到局部,先控制后碎部"的原则。首先在施工场地建立统一的平面控制网和高程控制网,然后以此为基础,进行细部施工放样工作。同时,施工测量的检核工作也十分重要,应遵循"步步工作有检核"的原则,采用各种方法加强外业数据和内业成果的检验,保证放样工作步步到位,防止差错产生。

第二节 测设的基本工作

测设,又称放样,是根据待建建(构)筑物各特征点与控制点之间的距离、角度、高差等测设数据,以控制点为根据,将各特征点在实地桩定出来。测设的基本工作包括水平距离测设、水平角测设和高程测设。

一、测设已知水平距离

测设已知水平距离是从地面上一个已知点开始,沿已知方向,量出给定的水平距离,定出该段距离的另一端点的工作。

1. 钢尺测设法

(1) 一般测设方法。

当测设精度要求不高时,从已知点 A 开始,沿给定的方向,用钢尺直接丈量出已知水平距离,定出这段距离的另一端点 B'。为了校核,同法再丈量一次得 B''点,若两次丈量的误差在限差内,则取两次端点的平均位置作为该端点的最后位置。

(2) 精确测设方法。

当测设精度要求较高时,应使用经过检定的钢尺,按精密钢尺量距方法进行测设,根据已知水平距离 D,经过尺长改正、温度改正和倾斜改正后,计算出实地应测设的长度 L,公式为 $L = D - \Delta l_d - \Delta l_t - \Delta l_h$,然后根据计算结果,用钢尺进行测设。现举例说明测设过程。

例:如图 4-1,由 A 点沿 AC 方向测设 B 点,使 AB 的水平距离 $D = 25.000 \text{m}$,所用钢尺的尺长方程式为 $L = 30\text{m} + 0.003\text{m} + 1.25 \times 10^{-5} \times 30 \times (t - 20℃)$,测设前通过概量定出终点,并用水准仪测得两点间高差 $h = +1.000\text{m}$,测设时温度为 $t = 30℃$,测设时拉力与检定钢尺时拉力相同。试在地面准确确定 B 点的位置。

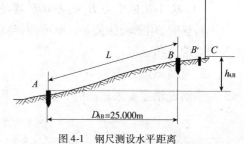

图 4-1 钢尺测设水平距离

解:(1) 计算 AB 的实长 L。

首先按精密钢尺量距的方法求出三项改正数,由于 D 与 L 相差不大,故求三项改正数公式中的 L 可用 D 代替。

尺长改正: $\Delta l_d = \dfrac{\Delta l}{l_0} D = \dfrac{0.003\text{m}}{30\text{m}} \times 25 = +0.002\text{m}$

温度改正: $\Delta l_t = \alpha(t - t_0)D = 1.25 \times 10^{-5} \times (30℃ - 20℃) \times 25 = +0.003\text{m}$

倾斜改正： $\Delta l_h = -\dfrac{h^2}{2D} = -\dfrac{(+1.000)^2}{2 \times 25} = -0.020\text{m}$

$L = D - \Delta l_d - \Delta l_t - \Delta l_h = 25.000 - 0.002 - 0.003 - (-0.020) = 25.015\text{m}$

（2）确定 B 点的位置。

在地面上从 A 点沿 AC 方向用钢尺实量 25.015m 定出 B 点，则 AB 两点间的水平距离正好是已知值 25.000m。

2. 测距仪或全站仪测设法

由于测距仪和全站仪的普及，当测设精度要求较高时，水平距离的测设多采用测距仪或全站仪进行测设。如图4-2所示，在 A 点安置光电测距仪，反光棱镜在已知方向上前后移动，使仪器显示值略大于测设的距离，定出 C_1 点。在 C_1 点安置反光棱镜，测出水平距离 D'，求出 D' 与应测设的水平距离 D 之差 $\Delta D = D - D'$。根据 ΔD 的数值在实地用钢尺沿测设方向将 C_1 改正至 C 点，并用木桩标定其点位。为了检核，将反光棱镜安置于 C 点，再实测 AC 距离，其不符值应在限差之内，否则应再次进行改正，直至符合限差为止。

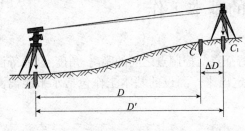

图4-2 测距仪测设距离

二、测设已知水平角

测设已知水平角是根据水平角的设计值和一个已知方向，把该角的另一个方向测设在地面上。

1. 一般测设方法

当测设水平角的精度要求不高时，可采用盘左盘右分中法测设，如图4-3所示。设地面已知方向 OA，O 为角顶，β 为已知水平角角值，OB 为欲定的方向线。测设方法如下：

（1）在 O 点安置经纬仪，盘左位置瞄准 A 点，读得水平度盘读数为 L。

（2）顺时针方向转动照准部，使水平度盘读数恰好为 $L + \beta$ 值，在此视线上定出 B_1 点。

（3）盘右位置，重复上述步骤，再测设一次，定出 B_2 点。

（4）取 $B_1 B_2$ 的中点 B，则 $\angle AOB$ 就是要测设的 β 角。

检核时，用测回法测量 $\angle AOB$，若与已知水平角值 β 的差值符合限差规定，则 $\angle AOB$ 即为测设的 β 角。

2. 精确测设方法

当测设精度要求较高时，可按如下步骤进行测设，如图4-4所示。

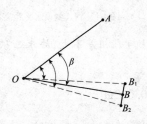

图4-3 一般方法测设水平角

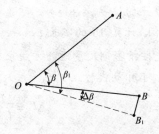

图4-4 精确方法测设水平角

(1) 根据 β 角的设计值先用一般方法测设出 B_1 点。

(2) 用测回法对 $\angle AOB_1$ 观测若干个测回，求出各测回平均值 β_1，并计算出 $\Delta\beta = \beta - \beta_1$。

(3) 量取 OB_1 的水平距离。

(4) 计算改正距离，$BB_1 = OB_1 \tan\Delta\beta \approx OB_1 \dfrac{\Delta\beta}{\rho}$

(5) 自 B_1 点沿 OB_1 的垂直方向量出距离 BB_1，定出 B 点，则 $\angle AOB$ 就是要测设的角度。量取改正距离时，如 $\Delta\beta$ 为正，则沿 OB_1 的垂直方向向外量取；如 $\Delta\beta$ 为负，则沿 OB_1 的垂直方向向内量取。

检核时，再用测回法精确测出 $\angle AOB$，其值与已知水平角值 β 的差值应小于限差规定。

三、测设已知高程

测设已知高程，是利用水准测量的方法，根据已知水准点，将设计高程测设到现场作业面上。在建筑设计和建筑施工中，为了计算方便，一般把建筑物的室内地坪用 ±0 表示，基础、门窗等高程都是以 ±0 为依据确定的。

1. 在地面上测设已知高程

如图 4-5 所示，某建筑物的室内地坪设计高程为 45.000m，附近有一水准点 BM_3，其高程为 $H_3 = 44.680$m。现在要求把该建筑物的室内地坪高程测设到木桩 A 上，作为施工时控制高程的依据。测设方法如下：

(1) 在水准点 BM_3 和木桩 A 之间安置水准仪，在 BM_3 点立水准尺，用水准仪的水平视线测得后视读数 a 为 1.556m，此时视线高程为：

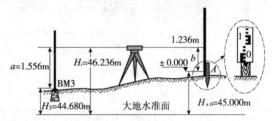

图 4-5 地面上测设已知高程

$$H_i = H_3 + a = 44.680 + 1.556 = 46.236\text{m}$$

(2) 计算 A 点水准尺尺底为室内地坪高程时的前视读数：

$$b = H_i - H_{\text{设}} = 46.236 - 45.000 = 1.236\text{m}$$

(3) 上下移动竖立在木桩 A 侧面的水准尺，直至水准仪的水平视线在尺上截取的读数为 1.236m 时，紧靠尺底在木桩上画一水平线，其高程即为 45.000m。

为了醒目，通常在横线下用红油漆画"▼"，若 A 点为室内地坪，则在横线上注明 ±0。

2. 在深基坑内或高层建筑物上测设已知高程

若待测设高程点的设计高程与水准点的高程相差很大，比如当向较深的基坑或较高的建筑物上测设已知高程点时，只用水准尺无法进行测设，此时可借助钢尺将地面水准点的高程向下或向上引测，以放样设计高程。

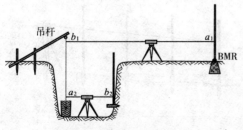

图 4-6 深基坑内测设高程

如图 4-6 所示，欲在深基坑内设置一点 B，使其高程为 $H_{\text{设}}$，地面附近有一水准点 R，其高程为 H_R。测设方法如下：

(1) 在基坑一边架设吊杆，杆上吊一根零点向下的钢尺，尺的下端挂上 10kg 的重锤，放入油桶中。

(2)在地面安置一台水准仪,设水准仪在 R 点所立水准尺上读数为 a_1,在钢尺上读数为 b_1。

(3)在坑底安置另一台水准仪,设水准仪在钢尺上读数为 a_2。

(4)计算 B 点水准尺底高程为 $H_{设}$ 时,B 点处水准尺的读数应为:

$$b_2 = (H_R + a_1) - (b_1 - a_2) - H_{设}$$

上下移动竖立在基坑内的水准尺,直至水准仪的水平视线在尺上截取的读数为 b_2 时,紧靠尺底打下木桩并画线,此处即为 B 点。

用同样的方法,亦可从低处向高处测设已知高程的点。

四、测设已知坡度线

在平整场地、铺设管道及修筑道路等工程中,经常需要在地面上测设设计坡度线。坡度线的测设是根据附近水准点的高程、设计坡度和坡度端点的设计高程,用水准测量的方法将坡度线上各点的设计高程标定在地面上。测设的方法有水平视线法和倾斜视线法两种。

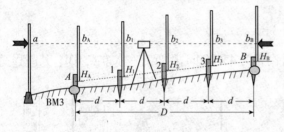

图 4-7 水平视线法测设坡度线

1. 水平视线法

如图 4-7 所示,A、B 为设计坡度线的两端点,A 点设计高程为 H_A,为了施工方便,每隔一定距离 d 打下一木桩,并要求在桩上标定出设计坡度为 i_{AB} 的坡度线。水平视线法的施测步骤如下:

(1)计算各桩点的设计高程,第 j 点的设计高程为 $H_j = H_A + i_{AB} \cdot j \cdot d (j=1,2,3)$,$B$ 点设计高程 $H_B = H_A + i_{AB} \cdot D$。

(2)沿 AB 方向,按间距 d 标定出中间点 1、2、3 的位置。

(3)安置水准仪于水准点 BM_3 点附近,读取后视读数 a,并计算视线高程:

$$H_{视} = H_{BM3} + a$$

(4)按高程测设的方法,先计算出各桩点上水准尺的应读数 $b_{应} = H_{视} - H_{设}$。然后根据各点的应读数指挥打桩,将水准尺沿木桩一侧上下移动,当水准尺的读数正好为 $b_{应}$ 时,贴着水准尺底面在木桩上画一横线,则该线即在 AB 的设计坡度线上。

此法适用于地面坡度小的地段。

2. 倾斜视线法

如图 4-8 所示,设 A 点的高程为 H_A,AB 间的水平距离为 D,今欲从 A 点沿 AB 方向测设出坡度为 i 的直线。倾斜视线法测设坡度线的施测步骤如下:

(1)根据 i 和 D 计算出 B 点的设计高程 $H_B = H_A + i \cdot D$,先用高程测设的方法,将坡度线两端点的设计高程标定到地面木桩上,如图 4-8 所示。

(2)将水准仪安置在 A 点上,使一个脚螺旋在 AB 方向线上,另两个脚螺旋的连线方向大致与 AB 方向垂直,量取仪器高 $i_{仪}$。

(3)用望远镜瞄准 B 点的水准尺,旋转 AB 方向的脚螺旋或微倾螺旋,使 B 点桩上水准尺的读

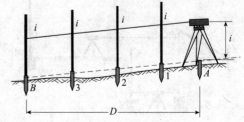

图 4-8 倾斜视线法测设坡度线

数为仪器高 $i_{仪}$,此时仪器的视线即为平行于设计坡度的直线。

(4)在 AB 方向线上测设中间各点,分别在 1、2、3 处打下木桩,使各木桩上水准尺的读数均为仪器高 $i_{仪}$,则各桩桩顶的连线即为所需测设的坡度线。

若设计坡度较大,测设时超出水准仪脚螺旋的调节范围,可用经纬仪代替水准仪进行测设。此法适用于地面坡度较大且设计坡度与地面自然坡度较一致的地段。

第三节 点的平面位置测设

点的平面位置测设方法有多种,常用的有直角坐标法、极坐标法、角度交会法、距离交会法等。具体采用哪种方法,应根据施工控制网的布设形式,控制点的分布以及地形情况与现场条件等因素确定。

一、直角坐标法

直角坐标法是根据直角坐标原理,利用纵横坐标之差,测设点的平面位置。直角坐标法适用于施工控制网为建筑方格网或建筑基线的形式,且量距方便的建筑施工场地。

如图 4-9 所示,Ⅰ、Ⅱ、Ⅲ、Ⅳ 为建筑施工场地的建筑方格网点,a、b、c、d 为欲测设建筑物的四个角点。直角坐标法放样点的平面位置的施测步骤如下:

1. 计算测设数据

根据设计图上各点坐标值,可求出建筑物的长度、宽度及测设数据。

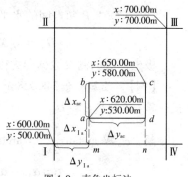

图 4-9 直角坐标法

建筑物的长度:$y_c - y_a = 580.00 - 530.00 = 50$m

建筑物的宽度:$x_c - x_a = 650.00 - 620.00 = 30$m

测设 a 点的测设数据(Ⅰ 点与 a 点的纵横坐标之差):

$$\Delta x_{\text{Ⅰ}a} = x_a - x_\text{Ⅰ} = 620.00 - 600.00 = 20.00\text{m}$$
$$\Delta y_{\text{Ⅰ}a} = y_a - y_\text{Ⅰ} = 530.00 - 500.00 = 30.00\text{m}$$

2. 点位测设方法

(1)在 Ⅰ 点安置经纬仪,瞄准 Ⅳ 点,沿视线方向测设距离 30.00m,定出 m 点,继续向前测设 50.00m,定出 n 点。

(2)在 m 点安置经纬仪,瞄准 Ⅳ 点,按逆时针方向测设 90°角,由 m 点沿视线方向测设距离 20.00m,定出 a 点,作出标志;再向前测设 30.00m,定出 b 点,作出标志。

(3)在 n 点安置经纬仪,瞄准 Ⅰ 点,按顺时针方向测设 90°角,由 n 点沿视线方向测设距离 20.00m,定出 d 点,作出标志;再向前测设 30.00m,定出 c 点,作出标志。

(4)检查建筑物四角是否等于 90°,各边长是否等于设计长度,其误差均应在限差以内。测设上述距离和角度时,可根据精度要求分别采用一般方法或精密方法。

二、极坐标法

极坐标法是根据已知水平角和已知水平距离,测设点的平面位置。此法适用于量距方

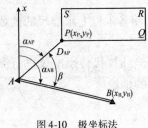

图 4-10 极坐标法

便,且待测设点距控制点较近的建筑施工场地。特别是在全站仪广泛使用的情况下,采用此法更为方便。

如图 4-10 所示,A、B 为已知平面控制点,其坐标值分别为 $A(x_A,y_A)$、$B(x_B,y_B)$,S、P、Q、R 点为设计建筑物的四个角点,其设计坐标分别为 $S(x_S,y_S)$、$P(x_P,y_P)$、$Q(x_Q,y_Q)$、$R(x_R,y_R)$。可根据 A、B 两点测设 P、Q、R、S 点。下面以 P 点为例说明测设方法,施测步骤如下:

1. 计算测设数据

(1)计算 AB 边的坐标方位角 α_{AB} 和 AP 边的坐标方位角 α_{AP},按坐标反算公式计算:

$$\alpha_{AB} = \arctan\frac{\Delta y_{AB}}{\Delta x_{AB}};\alpha_{AP} = \arctan\frac{\Delta y_{AP}}{\Delta x_{AP}}$$

注意:每条边在计算时,应根据 Δx 和 Δy 的正负情况,判断该边所属象限,计算正确的坐标方位角。

(2)计算 AP 与 AB 之间的夹角即极角:

$$\beta = \alpha_{AB} - \alpha_{AP}$$

(3)计算 A、P 两点间的水平距离:

$$D_{AP} = \sqrt{\Delta x_{AP}^2 + \Delta y_{AP}^2} = \sqrt{(x_P - x_A)^2 + (y_P - y_A)^2}$$

极坐标法的测设数据即为极角 β 和极距 D。

【例】 已知 $x_A = 348.758$m,$y_A = 433.570$m,$x_P = 370.000$m,$y_P = 458.000$m,$\alpha_{AB} = 103°48'48''$,试计算测设数据 β 和 D_{AP}。

解 $\alpha_{AP} = \arctan\dfrac{\Delta y_{AP}}{\Delta x_{AP}} = \arctan\dfrac{458.000 - 433.570}{370.000 - 348.758} = 48°59'34''$

$$\beta = \alpha_{AB} - \alpha_{AP} = 103°48'48'' - 48°59'34'' = 54°49'14''$$

$$D_{AP} = \sqrt{\Delta x_{AP}^2 + \Delta y_{AP}^2} = \sqrt{(370.000 - 348.758)^2 + (458.000 - 433.570)^2} = 32.374$$

2. 点位测设方法

(1)在 A 点安置经纬仪,瞄准 B 点,按逆时针方向测设 β 角,定出 AP 方向。

(2)沿 AP 方向自 A 点测设水平距离 D_{AP},定出 P 点,作出标志。

(3)用同样的方法测设 Q、R、S 点。全部测设完毕后,检查建筑物四角是否等于 90°,各边长是否等于设计长度,其误差均应在限差以内。

同样,在测设距离和角度时,可根据精度要求分别采用一般方法或精密方法。

三、角度交会法

角度交会法是在两个或多个控制点上安置经纬仪,通过测设两个或多个已知水平角交会出待定点的平面位置。此法适用于待测设点距控制点较远或量距较困难的建筑施工场地。

如图 4-11 所示,A、B、C 为已知控制点,P 为待测设点,其设计坐标为 $P(x_p,y_p)$ 现根据 A、B、C 三点,用角度交会法测设 P 点,施测步骤如下:

1. 计算测设数据

(1) 按坐标反算公式,分别计算出 α_{AB}、α_{AP}、α_{BP}、α_{CP}、α_{CB}。

(2) 计算水平角 β_1、β_2、β_3。

2. 点位测设方法

(1) 在 A、B 两点同时安置经纬仪,同时测设水平角 β_1 和 β_2 定出两条视线,在两条视线相交处钉下一个大木桩,并在木桩上依 AP、BP 绘出方向线及其交点。

(2) 在控制点 C 上安置经纬仪,测设水平角 β_3,同样在木桩上依 CP 绘出方向线。

(3) 如果交会没有误差,此方向应通过前两方向线的交点,否则将形成一个"示误三角形",如图 4-12 所示。若示误三角形边长在限差以内,则取示误三角形的重心作为待测设点 P 的最终位置,否则应重新交会。为了保证交会的精度,交会角应在 30°～120°。

测设 β_1、β_2 和 β_3 时,视具体情况,可采用一般方法和精密方法。

四、距离交会法

距离交会法是由两个控制点测设两段已知水平距离,交会定出点的平面位置。此法适用于待测设点至控制点的距离不超过一尺段长,且地势平坦、量距方便的建筑施工场地。

如图 4-13 所示,A、B、C 为已知控制点,P、Q 为待测设点,它们的坐标均已知,根据 A、B、C 三个控制点,用距离交会法测设 P、Q 点,施测步骤如下:

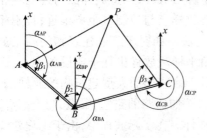
图 4-11 角度交会法

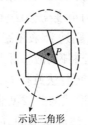
图 4-12 示误三角形

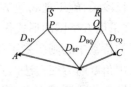
图 4-13 距离交会法

1. 计算测设数据

根据 A、B、P、Q 四点的坐标值,分别计算出 D_{AP}、D_{BP}、D_{BQ} 和 D_{CQ}。

2. 点位测设方法

(1) 测设时使用两把钢尺,分别使尺的零刻划线对准 A、B 两点,同时拉紧、拉平钢尺,分别以 D_{AP}、D_{BP} 为半径在地面画弧,两弧的交点即为 P 点的位置。

(2) 用同样的方法,测设出 Q 的平面位置。

(3) 丈量 P、Q 两点间的水平距离,与设计长度进行比较,其误差应在限差以内。

五、全站仪坐标放样法

全站仪坐标放样法的实质是极坐标法,它充分利用全站仪测角、测距和计算一体化的特点,只需知道待放样点的坐标,无需事先计算放样数据,即可在现场放样。该法操作简便,精度高,适合各类地形情况。由于目前全站仪的使用已十分普及,该法在测量实践中已被广泛采用。

全站仪坐标放样法的施测步骤如下:全站仪架设在已知点 A 上,将全站仪设成放样模式,输入测站点 A、后视点 B 以及待放样点 P 的坐标,瞄准后视点方向,按下反算方位角键,则仪器自动将测站点与后视的方位角设在该方向上。然后瞄准棱镜,按下坐标放样功能键,则可立即显示当前棱镜位置与放样点位置的坐标差。根据坐标差,可调整棱镜位置,直至坐标差为零,这时,棱镜所在的位置即为放样点的位置,据此在地面做出标志。

第四节 测设方法的选择

前面介绍了测设点位的几种基本方法,随着测绘技术的进步和测量仪器的更新,使得施工放样工作越来越简化,精度也越来越高。在实际测量工作中,究竟选择哪种测设方法,应本着施工放样为施工服务的原则,综合考虑施工现场的地形条件、控制点的分布情况、建筑物的大小、类型和形状、建筑物施工部位的不同、施工放样的精度要求、现有的仪器设备情况等因素灵活确定。

由上一节介绍可知,施工现场地形不同,控制点位分布情况的不一样对放样方法的选择起着非常重要的作用。因为不同的放样方法对施工现场的地形条件和对控制点的要求都有所不同。如高程测设时如果施工现场地形较平坦,则适合用精度较高的几何水准测量法进行高程测设;但如果施工现场地形高低起伏较大时,则适合采用三角高程测量的方法;如直角坐标法要求施工现场的平面控制点布设成建筑方格网或建筑基线的控制网形式;当控制点位与放样点位不存在平行或垂直关系时则多采用极坐标法放样;当待放样点与控制点相距较远或不便于量距时,则适合采用角度交会法;而当待放样点与控制点距离很近,且不超过一尺段长,施工现场地势平坦时,则适合采用距离交会法。如对于工业建筑物的施工放样,多采用方格网的形式作为施工控制网,故多采用直角坐标法放样出柱子或设备中心,而桥梁的桥墩中心则多采用角度前方交会法放样确定。对于曲线形的大型建筑物的放样,通常采用角度前方交会法。只有连续形式的曲线型建筑物,例如道路的路基、渠道、挡土墙等,才借助于曲线测设用表,用直角坐标法或其他的方法来放样。在实际放样中,由于工程建筑物复杂多样性,往往需要将几种方法综合应用,才能放出该建筑物的点、线。

测量人员的技术条件和施工测量部门所具有的仪器设备情况,在一定程度上也影响着放样方法的选择。不同的仪器对相同点的放样选取方法也会有所不同。点的平面位置传统的放样方法多采用经纬仪配合钢尺来进行。随着测量仪器的不断更新,施工放样方法也发生了重大变化。全站仪的普及,同时实现了测角和量距的任务,大大简化了施工放样工作程序,提高了工作效率。全站仪坐标放样法充分利用全站仪测角、测距和计算一体化的特点,只需知道待放样点的坐标,无需事先计算放样数据,即可在现场放样。该法操作简便,精度高,适合各类地形情况,因此,该法在测量实践中被广泛使用。从传统的放样方法发展到全站仪坐标放样法,放样工序简化了,精度提高了,但是这些方法都必须要求通视。由于施工现场环境的复杂性,例如:堆料、施工机械、地面起伏大等因素的影响,放样一个设计点往往需要来回移动目标,需 2~3 人配合完成,降低了劳动效率。而 GPS-RTK 技术的出现使施工放样方法有了进一步突破性的发展。RTK(Real Time Kinematic)定位技术是实时处理两个测站载波相位观测的差分方法,即将基准站采集的相位观测数据及坐标信息通过数据链方式及时传送给动态用户,动态用户将收到的数据链连同自采集的相位观测数据进行实时差分处理,从而获得动态用户的实时三维位置。动态用户再将实时位置与设计值相比较,指导放样。RTK 放样法不但克服了传统放样法和全站仪坐标放样法的缺点,而且具有操作简便、观测时间短、无需通视、点位误差不积累、能实时放样出三维坐标等优点。

总之,现在的工程施工要求满足更多的技术指标,每一种方法都有其优点和适用的范围,可以根据需要灵活地采用不同的放样方式。对一些放样点数少,又有相关地物点能保证精度的情况,可采用传统的放样方法;对于精度要求高的情况,如隧道贯通工程、桥梁工程等需要采用全站仪结合水准仪进行坐标放样和高程放样;而RTK技术则特别适合道路等大批量设计点位的放样工作,尤其是道路边桩、征地线等放样。但RTK在施工放样中的精度问题还需积累经验和研究,有待进一步提高。

本 章 小 结

1. 各项工程建筑物在施工阶段所进行的测量工作称为施工测量。施工测量的实质是测设点位。
2. 测设的基本概念,测设的基本工作包括水平距离测设、水平角测设和高程测设,测设的方法分为一般测设方法和精确测设方法。
3. 在平整场地、铺设管道及修筑道路等工程中,经常需要在地面上测设设计坡度线。测设已知坡度线的方法有水平视线法和倾斜视线法两种。
4. 平面点位的测设方法常用的有直角坐标法、极坐标法、角度交会法和距离交会法等,了解每种方法分别适用于什么场合。
5. 测设方法的选择应根据施工现场的地形情况、仪器设备情况、放样精度要求等综合因素灵活确定。

思考题与习题

1. 施工测量的主要任务有哪些?施工测量有哪些特点?
2. 测设已知水平距离、水平角和高程与测定水平距离、水平角和高程有何区别和联系?
3. 测设点的平面位置有哪些方法?各需要哪些测设数据?各适用于什么场合?
4. 测设一段设计坡度线有哪几种方法?
5. 欲在地面上测设一段长 36 m 的水平距离 AB,所用钢尺的名义长度为 30 m,在标准温度 $t=20$ ℃ 时,其检定长度为 29.997 m,钢尺的膨胀系数为 $\alpha=1.20\times10^{-5}$,测设时的温度为 29 ℃,测设时所用拉力与检定时的拉力相同,概量后测得两点间的高差为 $h=0.13$ m,试计算测设时沿地面需要量出的长度。
6. 欲在地面上测设一个直角 $\angle AOB$,先用一般方法在地面上测设出该直角,用仪器精确测得其角值为 90°00′45″,若 $OB=120$ m,试计算改正改正值的垂距并绘图说明其调整方向。
7. 某建筑场地上有一水准点 A,其高程 $H_A=35.458$ m,欲测设高程为 36.000 m 的室内地坪±0高程,后视水准点 A 上水准尺读数为 $a=1.573$ m,试说明其测设方法。
8. 已知 A、B 两点的坐标为 $X_A=1\,000$ m,$Y_A=1\,000$ m;点 B 的坐标为 $X_B=800$ m,$Y_B=1\,200$ m。设 D 点的设计坐标为(1 200.000 m,1 300.000 m),试计算用极坐标法在 A 点测设 D 点所需的放样数据极角 β 和极距 D?

第五章 建筑施工测量

本章知识要点：

本章内容主要包括：介绍了民用建筑施工前测量准备工作；结合民用建筑施工测量，介绍了建筑物定位和放线的概念、建筑物基础和主体施工测量过程；结合工业建筑施工测量，介绍了构件安装的施测方法；最后讲述了竣工测量的内容和竣工总平面图测绘的基本要求。通过本章的学习，了解施工前测量工作的内容，了解工程竣工总平面图测绘基本方法；熟悉建筑物基础及墙体施工测量过程和方法，构件安装的施测方法；掌握建筑物定位和放线的概念。

第一节 施工前的测量工作

民用建筑是指供人们居住、生活和进行社会活动用的建筑物，如住宅、医院、办公楼和学校等，民用建筑分为单层、低层（2~3层）、多层（4~8层）和高层（9层以上）。因民用建筑的类型、结构和层数各不相同，因而施工测量的方法和精度要求也有所不同，民用建筑施工测量就是按照设计的要求将民用建筑的平面位置和高程测设出来。施工测量的过程主要包括建筑物定位、细部轴线放样、基础施工测量和墙体工程施工测量等。在进行施工测量前，应做好以下准备工作。

一、熟悉设计图纸

设计图纸是施工测量的主要依据，测设前应充分熟悉各种有关的设计图纸，了解施工建筑物与相邻地物的相互关系以及建筑物本身的内部尺寸关系，准确无误地获取测设工作中所需要的各种定位数据。与测设工作有关的设计图纸主要如下。

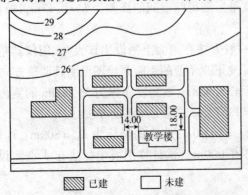

图 5-1 建筑总平面图（尺寸单位：m；高程单位：m）

1. 建筑总平面图

如图 5-1 所示，建筑总平面图给出了建筑场地上所有建筑物和道路的平面位置及其主要点的坐标，标出了相邻建筑物之间的尺寸关系，注明了各栋建筑物室内地坪高程，是测设建筑物总体位置和高程的重要依据。

2. 建筑平面图

建筑平面图标明了建筑物首层、标准层等各楼层的总尺寸，以及楼层内部各轴线之间的尺寸关系,如图 5-2 所示,它是测设建筑物细部轴线的依据。

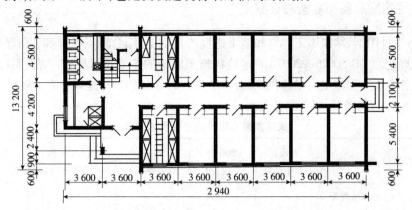

图 5-2　建筑平面图(尺寸单位:mm)

3. 基础平面图及基础详图

如图 5-3 所示,基础平面图及基础详图标明了基础形式、基础平面布置、基础中心或中线的位置、基础边线与定位轴线之间的尺寸关系、基础横断面的形状和大小以及基础不同部位的设计高程等,它是测设基槽(坑)开挖边线和开挖深度的依据,也是基础定位及细部放样的依据。

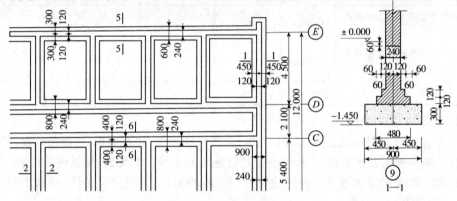

图 5-3　基础平面图及基础详图(尺寸单位:mm;高程单位:mm)

4. 立面图和剖面图

如图 5-4 所示,立面图和剖面图标明了室内地坪、门窗、楼梯平台、楼板、屋面及屋架等的设计高程,这些高程通常是以 ±0.000 高程为起算点的相对高程,它是测设建筑物各部位高程的依据。

在熟悉图纸的过程中,应仔细核对各种图纸上相同部位的尺寸是否一致,同一图纸上总尺寸与各有关部位尺寸之和是否一致,以免发生错误。

二、现场踏勘

为了解建筑施工现场上地物、地貌以及原有测量控制点的分布情况,应进行现场踏勘,并对建筑施工现场上的平面控制点和水准点进行检核,以便获得正确的测量数据,然后根据实际情况考虑测设方案。

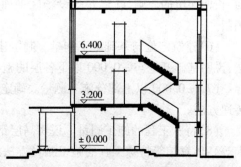

图 5-4　立面图和剖面图(高程单位:m)

三、确定测量方案和准备测设数据

在熟悉设计图纸、掌握施工计划和施工进度的基础上,结合现场条件和实际情况,在满足《工程测量规范》(GB 50026—2007)的建筑物施工放样的主要技术要求(见表5-1)以及依据《建筑工程各专业工程施工质量验收规范》(GB 50202~GB 50209)建筑物施工放样允许偏差值的规定(表5-2)的前提下,拟定测量方案。

建筑物施工放样的主要技术要求　　　　　　表5-1

建筑物结构特征	测距相对中误差	测角中误差(″)	测站高差中误差(mm)	施工水平面高程中误差(mm)	竖向传递轴线点中误差(mm)
金属结构、装配式钢筋混凝土结构、建筑物高度100~120m或跨度30~36m	1/20 000	5	1	6	4
15层房屋、建筑物高度60~100m或跨度18~30m	1/10 000	10	2	5	3
5~15层房屋、建筑物高度15~60m或跨度6~18m	1/5 000	20	2.5	4	2.5
6层房屋、建筑物高度15m或跨度6m以下	1/3 000	30	3	3	2
木结构、工业管线或公路铁路专用线	1/2 000	30	5		
土工竖向整平	1/1 000	45	10		

施工测量方案一般包括以下基本内容:

(1)工程概况。对场地位置、面积、地形;工程总体布局、建筑面积、层数与高度;结构、装饰类型;工期与施工方案要点;工程特点及特殊施工要求等作简要的、概括性的说明。

(2)施工测量的基本要求。说明建筑物与红线的关系,阐明定位条件,对施工测量的精度提出具体要求。

(3)场地准备测量。根据设计总平面图与施工现场平面布置图,确定拆迁范围。标出需要保留的地下管线、地下建(构)筑物与名贵树木树冠的范围。测设出临时设施的位置与场地平整高程。

(4)校测起始依据。对施工放线的起始依据和原有地上、地下建(构)筑物进行复核。

(5)测设场区施工控制网。根据场区情况、设计要求、施工特点,本着便于施工、控制全面、长期保留的原则,确定并测设场区平面控制网和高程控制网。控制测量方案可以单独编制。

(6)建筑定位与基础施工测量。制定建筑物的主要轴线控制桩、护坡桩的测设与监测方法,说明基础开挖与±0.000以下各层的施工测量方法。

(7)±0.000以上部分施工测量。确定首层、非标准层与标准层的轴线控制方法和高程传递方法。

(8)特殊工程的施工测量。说明高层钢结构、高耸建(构)筑物(如电视发射塔、水塔、烟囱等)、体育馆等特殊工程的施工测量方法。该项应根据实际情况取舍,如工程中有以上内容,应重点说明。

建筑物施工放样的允许偏差 表 5-2

项　目	内　　　容		允许偏差(mm)
基础桩位放样	单排桩或群桩中的边桩		±10
	群桩		±20
各施工层上放线	外廓主轴线长度 L(m)	$L \leqslant 30$	±5
		$30 < L \leqslant 60$	±10
		$60 < L \leqslant 90$	±15
		$90 < L$	±20
	细部轴线		±2
	承重墙、梁、柱边线		±3
	非承重墙边线		±3
	门窗洞口线		±3
轴线竖向投测	每层		3
	总高 H(m)	$H \leqslant 30$	5
		$30 < H \leqslant 60$	10
		$60 < H \leqslant 90$	15
		$90 < H \leqslant 120$	20
		$120 < H \leqslant 150$	25
		$150 < H$	30
高程竖向传递	每层		±3
	总高 H(m)	$H \leqslant 30$	±5
		$30 < H \leqslant 60$	±10
		$60 < H \leqslant 90$	±15
		$90 < H \leqslant 120$	±20
		$120 < H \leqslant 150$	±25
		$150 < H$	±30

(9)装饰与安装测量。根据会议室、大厅、外饰面、玻璃幕墙等室内外装饰及各种管线、电梯、旋转餐厅的特点,确定装饰与安装工程的测量方法。

(10)竣工测量与变形观测。制定竣工图的绘制步骤、手段和竣工测量的计划、方法。根据设计与施工要求确定与本工程相适应的变形观测内容、方法与精度。

(11)验线制度。明确各分项工程的测量验线内容、验线方法,并制定验线制度。

(12)施工测量工作的组织与管理。

施工测量方案由施工方进行编制,编好后应填写施工组织设计(方案)报审表,并同施工组织设计一道报送建设监理单位审查、审批,经监理单位批准后方可实施。

在进行现场测设之前,应根据设计图纸和测量控制点的分布情况,准备好相应的测设数据并对数据进行检核,需要时还可绘出测设略图,把测设数据标注在略图上,使现场测设时更方便、快速,并减少出错的可能。

例如，现场已有 A、B 两个平面控制点，欲用经纬仪和钢尺按极坐标法将如图 5-2 所示的设计建筑物测设于实地上。定位测量一般测设建筑物的四个大角，即如图 5-5a) 所示的 1、2、3、4 点，其中第 4 点是虚点，应先根据有关数据计算其坐标；此外，应根据 A、B 点的已知坐标和 1~4 点的设计坐标计算各点的测设角度值和距离值，以备现场测设之用。如果是用全坐标法测设，则只需准备好每个角点的坐标即可。

建筑物施工放样允许偏差值的规定，是依据《建筑工程各专业工程施工质量验收规范》（GB 50202~GB 50209）等的施工要求限差，取其 0.4 倍作为测量放样的允许偏差。

测设细部轴线点时，一般用经纬仪定线，然后以主轴线点为起点，用钢尺依次测设次要轴线点。准备测设数据时，应根据其建筑平面的轴线间距，如图 5-2 所示，计算每条次要轴线至主轴线的距离，并绘出标有测设数据的草图，如图 5-5b) 所示。

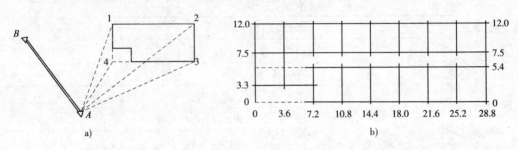

图 5-5 测设数据草图
a) 测设建筑物的四点；b) 绘标有测设数据的草图

第二节 建筑物的定位与细部放线

一、建筑物的定位

建筑物的定位就是根据设计条件将建筑物四周外廊主要轴线的交点测设到地面上，作为基础放线和细部轴线放线的依据。由于设计条件和现场条件不同，建筑物的定位方法也有所不同，以下为三种常见的定位方法。

1. 根据控制点定位

如果待定位建筑物的定位点设计坐标已知，且附近有高级控制点可供利用，可根据实际情况选用极坐标法、角度交会法或距离交会法来测设定位点。在这三种方法中，极坐标法是用得最多的一种定位方法。

2. 根据建筑方格网和建筑基线定位

如果待定位建筑物的定位点设计坐标已知，并且建筑场地已设有建筑方格网或建筑基线，可利用直角坐标法测设定位点。

3. 根据与原有建筑物和道路的关系定位

如果设计图上只给出新建筑物与附近原有建筑物或道路的相互关系，而没有提供建筑物定位点的坐标，周围又没有测量控制点、建筑方格网和建筑基线可供利用，可根据原有建筑物的边线或道路中心线将新建筑物的定位点测设出来。

具体测设方法随实际情况的不同而不同,但基本过程是一致的,下面分两种情况说明具体测设的方法。

(1)根据与原有建筑物的关系定位。

如图5-6所示,拟建建筑物的外墙边线与原有建筑物的外墙边线在同一条直线上,两栋建筑物的间距为10m,拟建建筑物四周长轴为40m,短轴为18m,轴线与外墙边线间距为0.12m,可按下述方法测设其4个轴线的交点。

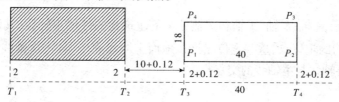

图5-6 根据与原有建筑物的关系定位(尺寸单位:m)

①沿原有建筑物的两侧外墙拉线,用钢尺顺线从墙角往外量一段较短的距离(这里设为2m),在地面上定出 T_1 和 T_2 两个点,T_1 和 T_2 的连线即为原有建筑物的平行线。

②在 T_1 点安置经纬仪,照准 T_2 点,用钢尺从 T_2 点沿视线方向量取 10m+0.12m,在地面上定出 T_3 点,再从 T_3 点沿视线方向量取 40m,在地面上定出 T_4 点,T_3 和 T_4 的连线即为拟建建筑物的平行线,其长度等于长轴尺寸。

③在 T_3 点安置经纬仪,照准 T_4 点,逆时针测设90°,在视线方向上量取 2m+0.12m,在地面上定出 P_1 点,再从 P_1 点沿视线方向量取 18m,在地面上定出 P_4 点。同理,在 T_4 点安置经纬仪,照准 T_3 点,顺时针测设 90°,在视线方向上量取 2m+0.12m,在地面上定出 P_2 点,再从 P_2 点沿视线方向量取 18m,在地面上定出 P_3 点。则 P_1、P_2、P_3 和 P_4 点即为拟建建筑物的四个定位轴线点。

④在 P_1、P_2、P_3 和 P_4 点上安置经纬仪,检核四个大角是否为90°,用钢尺丈量四条轴线的长度,检核长轴是否为40m,短轴是否为18m。

(2)根据与原有道路的关系定位。

如图5-7所示,拟建建筑物的轴线与道路中心线平行,轴线与道路中心线的距离见图,测设方法如下:

①在每条道路上选两个合适的位置,分别用钢尺测量该处道路的宽度,并找出道路中心点 C_1、C_2、C_3 和 C_4。

②分别在 C_1、C_2 两个中心点上安置经纬仪,测设90°,用钢尺测设水平距离 12m,在地面上得到道路中心线的平行线 T_1T_2,同理做出 C_3 和 C_4 的平行线 T_3T_4。

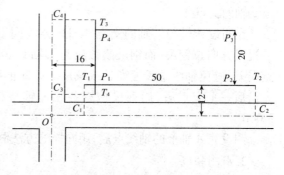

图5-7 根据与原有道路的关系定位(尺寸单位:m)

③用经纬仪向内延长或向外延长这两条线,其交点即为拟建建筑物的第一个定位点 P_1,再从 P_1 沿长轴方向量取 50m 做 T_3T_4 的平行线,得到第二个定位点 P_2。

④分别在 P_1 和 P_2 点安置经纬仪,测设直角和水平距离 20m,在地面上定出点 P_3 和 P_4。在 P_1、P_2、P_3 和 P_4 点上安置经纬仪,检核角度是否为90°,用钢尺丈量4条轴线的长度,检核长轴是否为50m,短轴是否为20m。

二、建筑物的放线

建筑物的放线是指根据现场已测设好的建筑物定位点,详细测设其他各轴线交点的位置,并将其延长到安全的地方做好标志。然后以细部轴线为依据,按基础宽度和放坡要求用白灰撒出基础开挖边线。放样方法如下。

1. 测设细部轴线交点

如图 5-8 所示,A 轴、E 轴、①轴和⑦轴是 4 条建筑物的外墙主轴线,其轴线交点 A_1,A_7,E_1 和 E_7 是建筑物的定位点,这些定位点已在地面上测设完毕,各主次轴线间隔如图 5-8 所示,现欲测设次要轴线与主轴线的交点。

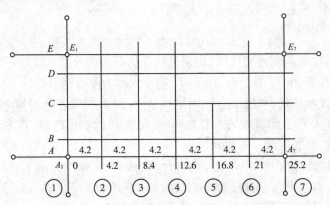

图 5-8 测设细部轴线交点(尺寸单位:m)

在 A_1 点安置经纬仪,照准 A_7 点,把钢尺的零端对准 A_1 点,沿视线方向拉钢尺,在钢尺上读数等于①轴和②轴间距(4.2m)的地方打下木桩,打的过程中要经常用仪器检查桩顶是否偏离视线方向,钢尺读数是否还在桩顶上,如有偏移要及时调整。打好桩后,用经纬仪视线指挥在桩顶上画一条纵线,再拉好钢尺,在读数等于轴间距处画一条横线,两线交点即 A 轴与②轴的交点 A_2。

在测设 A 轴与③轴的交点 A_3 时,方法同上,注意仍然要将钢尺的零端对准 A_1 点,并沿视线方向拉钢尺,而钢尺读数应为①轴和③轴间距(8.4m),这种做法可以减小钢尺对点误差,避免轴线总长度增长或减短。如此依次测设 A 轴与其他有关轴线的交点。测设完最后一个交点后,用钢尺检查各相邻轴线桩的间距是否等于设计值,误差应小于 1/3 000。

测设完 A 轴上的轴线点后,用同样的方法测设 E 轴、1 轴和 7 轴上的轴线点。

2. 引测轴线

在基槽或基坑开挖时,定位桩和细部轴线桩均会被挖掉,为了使开挖后各阶段施工能准确地恢复各轴线位置,应把各轴线延长到开挖范围以外的地方并做好标志,这个工作称为引测轴线,具体有设置龙门板和轴线控制桩两种形式。

(1)设置龙门板。

①如图 5-9 所示,在建筑物四角和中间隔墙的两端,距基槽边线约 1~2m 以外,竖直钉设大木桩,称为龙门桩,并使桩的外侧面平行于基槽。

②根据附近水准点,用水准仪将 ±0.000 高程测设在每个龙门桩的外侧上,并画出

横线标志。如果现场条件不允许,也可测设比±0.000高或低一定数值的高程线,同一建筑物最好只用一个高程,如因地形起伏大用两个高程时,一定要标注清楚,以免使用时发生错误。

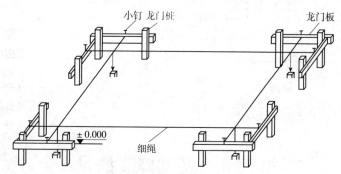

图5-9 龙门桩与龙门板

③在相邻两龙门桩上钉设木板,称为龙门板,龙门板的上沿应和龙门桩上的横线对齐,使龙门板的顶面高程在一个水平面上,并且高程为±0.000,或比±0.000高低一定的数值,龙门板顶面高程的误差应在±5mm以内。

④根据轴线桩,用经纬仪将各轴线投测到龙门板的顶面,并钉上小钉作为轴线标志,此小钉也称为轴线钉,投测误差应在±5mm以内。

⑤用钢尺沿龙门板顶面检查轴线钉的间距,其相对误差不应超过1/3 000。

恢复轴线时,将经纬仪安置在一个轴线钉上方,照准相应的另一个轴线钉,其视线即为轴线方向,往下转动望远镜,便可将轴线投测到基槽或基坑内。

(2)轴线控制桩。

由于龙门板需要较多木料,而且占用场地,使用机械开挖时容易被破坏,因此也可以在基槽或基坑外各轴线的延长线上测设轴线控制桩,作为以后恢复轴线的依据,如图5-10所示。即使采用了龙门板,为了防止被碰动,对主要轴线也应测设轴线控制桩。

轴线控制桩一般设在开挖边线4m以外的地方,并用水泥砂浆加固。最好是附近有固定建筑物和构筑物,这时应将轴线投测在这些物体上,使轴线更容易得到保护,以便今后能安置经纬仪来恢复轴线。

轴线控制桩的引测主要采用经纬仪法,当引测到较远的地方时,要注意采用盘左和盘右两次投测取中数法来引测,以减少引测误差和避免错误的出现。

3. 开挖边线

如图5-11所示,先按基础剖面图给出的设计尺寸计算基槽的开挖宽度$2d$。

$$d = B + mh \tag{5-1}$$

式中,B为基底宽度,可由基础剖面图中查取;h为基槽深度;m为边坡坡度的分母。

根据计算结果,在地面上以轴线为中线往两边各量出d,拉线并撒上白灰,即为开挖边线。

如果是基坑开挖,则只需按最外围墙体基础的宽度、深度及放坡确定开挖边线。则只需按最外围墙体基础的宽度、深度及放坡确定开挖线。

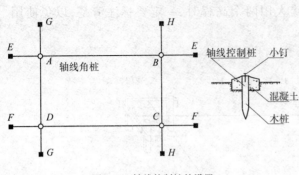

图 5-10 轴线控制桩的设置

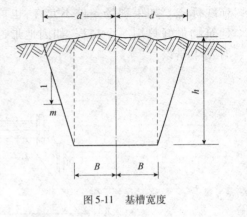

图 5-11 基槽宽度

第三节 基础施工测量

一、一般基础施工测量

1. 基槽抄平

建筑物轴线放样完毕后,按照基础平面图上的设计尺寸,在地面放出灰线的位置上进行开挖,为了控制基槽开挖深度,不得超挖基底。当基槽挖到离槽底 0.3 ~ 0.5m 时,用高程放样的方法在槽壁上钉水平控制桩。像这样建筑施工中的高程测设,又称抄平。具体操作方法如下:

(1)设置水平桩。

为了控制基槽的开挖深度,当快挖到槽底设计标高时,应用水准仪根据地面上 ±0.000m 点,在槽壁上测设一些水平小木桩(称为水平桩),如图 5-12 所示,使木桩的上表面离槽底的设计标高为一固定值(如 0.50m)。

为了施工时使用方便,一般在槽壁各拐角处、深度变化处和基槽壁上每隔 3 ~ 4m 测设一水平桩。水平桩可作为挖槽深度、修平槽底和打基础垫层的依据。

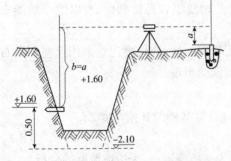

图 5-12 基槽水平桩测设(尺寸单位:m)

(2)水平桩的测设。

测设水平桩时,以画在龙门板或周围固定地物的 ±0.000 高程线为已知高程点,用水准仪进行测设,小型建筑物也可用连通水管法进行测设。水平桩上的高程误差应在 ±10mm 以内。

如图 5-12 所示,设龙门板顶面高程为 ±0.000,槽底设计高程为 -2.1m,水平桩高于槽底 0.50m,即水平桩高程为 -1.6m,用水准仪后视龙门板顶面上的水准尺,读数 $a = 1.286$m,则水平桩上标尺的应有读数为:

$$0 + 1.286 - (-1.6) = 2.886 \text{m}$$

测设时沿槽壁上下移动水准尺,当读数为 2.886m 时沿尺底水平地将桩打进槽壁,然后检核该桩的高程,如超限便进行调整,直至误差在规定范围以内。

垫层面高程的测设可以水平桩为依据在槽壁上弹线,也可在槽底打入垂直桩,使桩顶高程等于垫层面的高程。如果垫层需安装模板,可以直接在模板上弹出垫层面的高程线。

如果是机械开挖,一般是一次挖到设计槽底或坑底的高程,因此要在施工现场安置水准仪,边挖边测,随时指挥挖土机调整挖土深度,使槽底或坑底的高程略高于设计高程(一般为10cm,留给人工清土)。挖完后,为了给人工清底和打垫层提供高程依据,还应在槽壁或坑壁上打水平桩,水平桩的高程一般为垫层面的高程。

2. 基槽底口和垫层轴线投测

如图 5-13 所示,基槽挖至规定高程并清底后,将经纬仪安置在轴线控制桩上,瞄准轴线另一端的控制桩,即可把轴线投测到槽底,作为确定槽底边线的基准线。垫层打好后,用经纬仪或用拉绳挂垂球的方法把轴线投测到垫层上,并用墨线弹出墙中心线和基础边线,以便砌筑基础或安装基础模板。由于整个墙身砌筑均以此线为准,这是确定建筑物位置的关键环节,所以要严格校核后方可进行砌筑施工。目前,基础墙高程的控制取消采用基础皮数杆,取代它的是更为简易的方法:水准仪直接抄测。如是深基坑,先向下引测设点,再利用水准仪抄测。

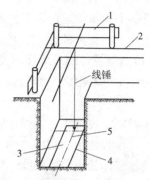

图 5-13 基槽底口和垫层轴线投测
1-龙门板;2-细线;3-垫层;4-基础边线;
5-墙中线

3. 基础面高程的检查

基础施工结束后,应检查基础面的高程是否符合设计要求(也可检查防潮层)。可用水准仪测出基础面上若干点的高程和设计高程比较,允许误差为 ±10mm。

二、桩基础施工测量

1. 建筑工程桩基础施工测量技术要求

设计和施工单位对建筑工程的尺寸精度要求不是按测量中误差来要求的,而是按实际长度与设计长度之比的误差来要求的,对长度尺寸精度要求分为两种:一是建筑物外廓主轴线对周围建筑物相对位置的精度,即新建筑物的定位精度;二是建筑物桩位轴线对其主轴线的相对位置精度。

(1)建筑物轴线测设的主要技术要求。

建筑物桩基础定位测量,一般是根据建筑设计或设计单位所提供的测量控制点或基准线与新建筑物的相关数据,首先测设建筑物定位矩形控制网,进行建筑物定位测量,然后根据建筑物的定位矩形控制网,测设建筑物桩位轴线,最后再根据桩位轴线来测设承台桩位。

(2)对高程测量的技术要求。

桩基础施工测量的高程应以设计或建设单位所提供的水准点作为基准进行引测。在高程引测前,应对原水准点高程进行检测。确认无误后才能使用,在拟建区附近设置水准点,其位置不应受施工影响,便于使用和保存,数量一般不得少于 2~3 个,一般应埋设水准点或选用附近永久性的建筑物作为水准点。高程测量可按四等水准测量方法和要求进行,其往返较差,附合或环线闭合差不应大于 $±20\sqrt{L}$mm,L 为水准路线长度,以 km 为单位。桩位点高程测量一般用普通水准仪散点法施测,高程测量误差不应大于 ±1cm。

2.建筑物定位测量

建筑物的定位是根据设计所给定的条件,将建筑物四周外廓主轴线的交点(简称角桩),测设到地面上,作为测设建筑物桩位轴线的依据,这就是通常所说的建筑物定位测量。由于在桩基础施工时,所有的角桩均要因施工而被破坏无法保存,为了满足桩基础竣工后续工序恢复建筑物桩位轴线和测设建筑物开间轴线的需要,所以,在建筑物定位测量时,不是直接测设建筑物外廓主轴线交点的角桩,而是在距建筑物四周外廓 5~10m,并平行建筑物处,首先测设一个建筑物定位矩形控制网,作为建筑物定位基础,然后,测出桩位轴线在此定位矩形控制网上的交点桩,称之为轴线控制桩(或叫引桩)。

(1)编制桩位测量放线图及说明书。

为便于桩基础施工测量,在熟悉资料的基础上,在作业前需编制桩位测量放线图及说明书。

①确定定位轴线。为便于施测放线,对于平面成矩形,外形整齐的建筑物一般以外廓墙体中心线作为建筑物定位主轴线,对于平面成弧形,外形不规则的复杂建筑物是以十字轴线和圆心轴线作为定位主轴线。以桩位轴线作为承台桩的定位轴线。

②根据桩位平面图所标定的尺寸,建立与建筑物定位主轴线相互平行的施工坐标系统,一般应以建筑物定位矩形控制网西南角的控制点作为坐标系的起算点,其坐标应假设成整数。

③为避免桩点测设时的混乱,应根据桩位平面布置图对所有桩点进行统一编号,桩点编号应由建筑物的西南角开始,从左到右,从下而上的顺序编号。

④根据设计资料计算建筑物定位矩形网、主轴线、桩位轴线和承台桩位测设数据,并把有关数据标注在桩位测量放线图上。

⑤根据设计所提供的水准点(或高程基点),拟订高程测量方案。

(2)建筑物的定位。

根据设计所给定的定位条件不同,建筑物的定位主要有 5 种不同形式,这在本章第二节已有详细介绍。在建筑物定位测量时,可根据设计所给的定位形式选用直角坐标法、内分法、极坐标法、角度或距离交会法、等腰三角形与勾股弦等测量方法,为确保建筑物的定位精度,对角度的测设均要按经纬仪的正倒镜位置测定,距离丈量必须按精密测量方法进行。

(3)建筑物定位矩形网测量。

对建筑物定位矩形网测量,根据工程大小、复杂程度不同,一般采用下列方法:

①定位桩法。若需要测设 A、B、C、D 建筑物时,要根据设计所给定的条件,首先测设出 A' 和 B' 两点,然后根据 A'、B' 测设出 C'、D' 两点,最后,以 A'、B'、C'、D' 定位矩形网为基础测设 $ABCD$ 建筑物所有的桩位轴线进行建筑物定位。此种方法适用于一般民用建筑和精度要求不高的中小型厂房的定位测量。

②主轴线法。大型厂房或复杂的建筑物,因对定位精度要求高,采用定位桩法不易保证建筑物定位要求。由于主轴线法测设要求严格,误差分配均匀,精度高,但工作量大,主要适用于大型工业厂房或复杂建筑物的定位测量。如要测设 $ABCD$ 厂房时,应根据设计所给的条件首先测设出长轴线 EOW,然后,再以长轴线为基线,用测直角形方法测设出短轴线 SON,进行精密丈量和归化。最后根据长轴线点和短轴线点按直角形法,测设 A'、B'、C'、D' 各点。经检查满足要求后,才测设 $ABCD$ 建筑物的桩位轴线进行建筑物定位测量。

(4)测量质量控制。

①建筑物定位矩形网点需要埋设直径8cm,长35cm 的大木桩,桩位既要便于作业,又要

便于保存,并在木桩上钉小铁钉作为中心标志,对木桩要用水泥加固保护,在施工中要注意保护、使用前应进行检查。对于大型或较复杂、工期较长的工程应埋设顶部为10cm×10cm,底部为12cm×12cm,长为80cm的水泥桩为长期控制点。

②必须加强检查工作,对桩位测量放线图的所有计算数据。必须经第二个人进行百分之百的检查,确认无误后才能到现场测设。在建筑物定位测量成果经检查满足要求后,才能测设建筑物桩位轴线进行建筑物的定位测量。

3. 建筑物桩位轴线及承台桩位测设

(1)桩位轴线测设的质量控制。

建筑物桩位轴线测设是在建筑物定位矩形网测设完成后进行的,是以建筑物定位矩形网为基础,采用内分法用经纬仪定线精密量距法进行桩位轴线引桩的测设。对复杂建筑物圆心点的测设一般采用极坐标法测设。对所测设的桩位轴线的引桩均要打入小木桩,木桩顶上应钉小铁钉作为桩位轴线引桩的中心点位。为了便于保存和使用,要求桩顶与地面齐平,并在引桩周围撒上白灰。

在桩位轴线测设完成后,应及时对桩位轴线间长度和桩位轴线的长度进行检测,要求实量距离与设计长度之差,对单排桩位不应超过±1cm,对群桩不超过±2cm。在桩位轴线检测满足设计要求后才能进行承台桩位的测设。

(2)建筑物承台桩位测设的质量控制。

建筑物承台桩位的测设是以桩位轴线的引桩为基础进行测设的,桩基础设计根据地上建筑物的需要分群桩和单排桩。规范规定3~20根桩为一组的称为群桩。1~2根为一组的称为单排桩。群桩的平面几何图形分为正方形、长方形、三角形、圆形、多边形和椭圆形等。测设时,可根据设计所给定的承台桩位与轴线的相互关系,选用直角坐标法、线交会法、极坐标法等进行测设。对于复杂建筑物承台桩位的测设,往往设计所提供的数据不能直接利用,而是需要经过换算后才能进行测设。在承台桩位测设后,应打入小木桩作为桩位标志,并撒上白灰,便于桩基础施工。在承台桩位测设后,应及时检测,对本承台桩位间的实量距离与设计长度之差不应大于±2cm,对相邻承台桩位间的实量距离与设计长度之差不应大于±3cm。在桩点位经检测满足设计要求后,才能移交给桩基础施工单位进行桩基础施工。

4. 桩基础竣工测量质量控制

桩基础竣工测量成果图是桩基础竣工验收重要资料之一,其主要内容:测出地面开挖后的桩位偏移量、桩顶高程、桩的垂直度等,有时还要协助测试单位进行单桩垂直静载实验。

(1)恢复桩位轴线:在桩基础施工中由于确定桩位轴线的引桩,往往因施工被破坏,不能满足竣工测量要求,所以首先应根据建筑物定位矩形网点恢复有关桩位轴线的引桩点,以满足重新恢复建筑物纵、横桩位轴线的要求。恢复引桩点的精度要求应与建筑物定位测量时的作业方法和要求相同。

(2)单桩垂直静载实验:在整个桩基础工程完成后,测量工作需要配合岩土工程测试单位进行荷载沉降测量,对桩的荷载沉降量的测量一般采用百分表测量,当不宜采用百分表测量时,可采用S_{05}或S_1精密水准仪和铟瓦尺施测。

(3)桩位偏移量测定:桩位偏移量是指桩顶中心点在设计纵、横桩位轴线上的偏移量。对桩位偏移量的允许值,不同类型的桩有不同要求。当所有桩顶高程差别不大时,桩位偏移量的测定方法可采用拉线法,即在原有或恢复后的纵、横桩位轴线的引桩点间分别拉细尼龙绳各一条,然后用角尺分别量取每个桩顶中心点至细尼龙绳的垂直距离,即偏移量,并要标明偏移方向;当桩顶高程相差较大时,可采用经纬仪法。把纵、横桩位轴线投影到桩顶上,然后再量取桩位偏移量,或采用极坐标法测定每个桩顶中心点坐标与理论坐标之差计算其偏移量。

(4)桩顶高程测量:采用普通水准仪,以散点法施测每个桩顶高程,施测时应对所用水准点进行检测,确认无误后才进行施测,桩顶标高测量精度应满足±1cm要求。

(5)桩身垂直度测量:桩身垂直度一般以桩身倾斜角来表示的,倾斜角系指桩纵向中心线与铅垂线间的夹角,桩身垂直度测定可以用自制简单测斜仪直接测完其倾斜角,要求盘度半径不少30cm,度盘刻度不低于10′。

(6)桩位竣工图编绘:桩位竣工图的比例尺一般与桩位测量放线图一致,采用1:500或1:200,其主要包括内容:建筑物定位矩形网点、建筑物纵、横桩位轴线编号及其间距、承台桩点实际位置及编号、角桩、引桩点位及编号。

第四节　主体结构施工测量

一、一层建筑物主体结构施工测量

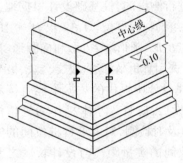

图5-14　墙体轴线与高程线标注
(高程单位:m)

1. 墙体轴线测设

如图5-14所示,基础工程结束后,应对龙门板或轴线控制桩进行检查复核,经复核无误后,可根据轴线控制桩或龙门板上的轴线钉,用经纬仪法或拉线法把首层楼房的墙体轴线测设到防潮层上,然后用钢尺检查墙体轴线的间距和总长是否等于设计值,用经纬仪检查外墙轴线4个主要交角是否等于90°。符合要求后,把墙体轴线延长到基础外墙侧面上并弹出墨线及做出标志,作为向上投测各层楼房墙体轴线的依据。同时还应把门、窗和其他洞口的边线也在基础外墙侧面上做出标志。

墙体砌筑前,根据墙体轴线和墙体厚度弹出墙体边线,照此进行墙体砌筑。砌筑到一定高度后,用吊锤线将基础外墙侧面上的轴线引测到地面以上的墙体上,以免基础覆土后看不见轴线标志。如果轴线处是钢筋混凝土柱,则在拆柱模后将轴线引测到柱身上。

2. 墙体标高测设

如图5-15所示,墙体砌筑时,其高程用墙身"皮数杆"控制。在皮数杆上根据设计尺寸,按砖和灰缝厚度画线,并标明门、窗、过梁、楼板等的高程位置。杆上高程注记从±0.000向上增加。

墙身皮数杆一般立在建筑物的拐角和内墙处,固定在木桩或基础墙上。为了便于施工,采用里脚手架时,皮数杆立在墙的外边;采用外脚手架时,皮数杆应立在墙里边。立皮数杆时,先用水准仪在立杆处的木桩或基础墙上测设出±0.000高程线,测量误差在±3mm以内,然后把皮数杆上的±0.000线与该线对齐,用吊锤校正并用钉钉牢,必要时可在皮数杆上加两根钉斜撑,以保证皮数杆的稳定。

墙体砌筑到一定高度后(1.5m左右),应在内、外墙面上测设出+0.50m高程的水平墨线,称为"+50线"。外墙的+50线作为向上传递各楼层高程的依据,内墙的+50线作为室内地面施工及室内装修的高程依据。

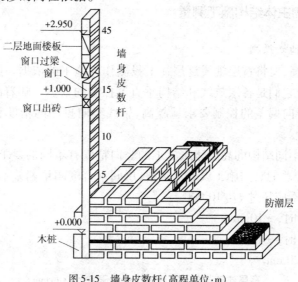

图5-15 墙身皮数杆(高程单位:m)

二、多层建筑物主体结构施工测量

1. 墙体轴线投测

每层楼面建好后,为了保证继续往上砌筑墙体时,墙体轴线均与基础轴线在同一铅垂面上,应将基础或一层墙面上的轴线投测到楼面上,并在楼面上重新弹出墙体的轴线,检查无误后,以此为依据弹出墙体边线,再往上砌筑。

多层建筑从下往上进行轴线投测的方法是:将较重的垂球悬挂在楼面的边缘,慢慢移动,使垂球尖对准地面上的轴线标志,或者使吊锤线下部沿垂直墙面方向与底层墙面上的轴线标志对齐,吊锤线上部在楼面边缘的位置就是墙体轴线的位置,在此画一条短线作为标志,便在楼面上得到轴线的一个端点,同法投测另一端点,两端点的连线即为墙体轴线。

建筑物的主轴线一般都要投测到楼面上来,弹出墨线后,再用钢尺检查轴线间的距离,其相对误差不得大于1/3 000,符合要求之后,再以这些主轴线为依据,用钢尺内分法测设其他细部轴线。在困难的情况下至少要测设两条垂直相交的主轴线,检查交角合格后,用经纬仪和钢尺测设其他主轴线,再根据主轴线测设细部轴线。

吊锤线法受风的影响较大,因此应在风小的时候作业,投测时应等待吊锤稳定下来后再在楼面上定点。此外,每层楼面的轴线均应直接由底层投测上来,以保证建筑物的总竖直度,只要注意这些问题,用吊锤线法进行多层楼房的轴线投测的精度是有保证的。

2. 墙体高程传递

在多层建筑物施工中,要由下往上将高程传递到新的施工楼层,以便控制新楼层的墙体施工,使楼板、门窗口、室内装修等工程的高程符合设计要求。高程传递一般可有两种方法:用钢尺直接丈量和悬吊钢尺法。

(1)钢尺直接丈量法:在高程精度要求较高时,可用钢尺沿某一墙角自±0.000起向上直接丈量,把高程传递上去。

(2)悬吊钢尺法:在楼梯间吊上钢尺,用水准仪读数,把下层高程传到上层(具体测法见高层建筑施工)。

三、高层建筑物主体结构施工测量

1. 高层建筑的轴线投测

随着结构的升高,要将首层轴线逐层往上投测作为施工的依据。此时建筑物主轴线的投测最为重要,因为它们是各层放线和结构垂直度控制的依据。随着高层建筑物设计高度的增加,施工中对竖向偏差的控制要求就越高,轴线竖向投测的精度和方法就必须与其适应,以保证工程质量。

有关规范对于不同结构的高层建筑施工的竖向精度有不同的要求,见表5-3(H 为建筑总高度)。为了保证总的竖向施工误差不超限,层间垂直度测量偏差不应超过3mm,建筑全高垂直度测量偏差不应超过 3H/10 000。

30m < H ≤ 60m 时,±10mm;
60m < H ≤ 90m 时,±15mm;
90m < H 时,±20mm。

高层建筑竖向及高程施工偏差限差(单位:mm) 表5-3

结构类型	竖向施工偏差限差		高程偏差限差	
	每层	全高	每层	全高
现浇混凝土	8	H/1 000(最大30)	±10	±30
装配式框架	5	H/1 000(最大20)	±5	±30
大模板施工	5	H/1 000(最大30)	±10	±30
滑模施工	5	H/1 000(最大50)	±10	±30

下面介绍几种常见的投测方法。
(1)经纬仪法。

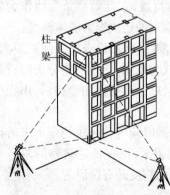

图 5-16 经纬仪轴线竖向投测

如图 5-16 所示,当施工场地比较宽阔时,可使用经纬仪法进行竖向投测,安置经纬仪于轴线控制桩上,严格对中整平,盘左照准建筑物底部的轴线标志,往上转动望远镜,用其竖丝指挥在施工层楼面边缘上画一点,然后盘右再次照准建筑物底部的轴线标志,同法在该处楼面边缘上画出另一点,取两点的中间点作为轴线的端点。其他轴线端点的投测与此法相同。

当楼层建得较高时,经纬仪投测时的仰角较大,操作不方便,误差也较大,此时应将轴线控制桩用经纬仪引测到远处(大于建筑物高度)稳固的地方,然后继续往上投测。如果周围场地有限,也可引测到附近建筑物的房顶上。如图 5-17 所示,先在轴线控制桩 A_1 上安置经纬仪,照准建筑物底部的轴线标志,将轴线投测到楼面上 A_2 点处,然后在 A_2 上安置经纬仪,照准 A_1 点,将轴线投测到附近建筑物屋面上 A_3 点处,以后就可在 A_3 点安置经纬仪,投测更高楼层的轴线。注意上述投测工作均应采用盘左、盘右取中法进行,以减少投测误差。

所有主轴线投测上来后,应进行角度和距离的检验,合格后再以此为依据测设其他轴线。

为了保证投测的质量,仪器必须经过严格的检验和校正,投测宜选在阴天、早晨及无风的时候进行,以尽量减少日照及风力带来的不利影响。

(2)吊线坠法。

当周围建筑物密集,施工场地窄小,无法在建筑物以外的轴线上安置经纬仪时,可采用此法进行竖向投测。该法与一般的吊锤线法的原理是一样的,只是线坠的质量更大,吊线(细钢丝)的强度更高。此外,为了减少风力的影响,应将吊锤线的位置放在建筑物内部。

如图5-18所示,首先在一层地面上埋设轴线点的固定标志,轴线点之间应构成矩形或十字形等,作为整个高层建筑的轴线控制网。各标志上方的每层楼板都预留孔洞,供吊锤线通过。投测时,在施工层楼面上的预留孔上安置挂有吊线坠的十字架,慢慢移动十字架,当吊锤尖静止地对准地面固定标志时,十字架的中心就是应投测的点,同理测设其他轴线点。

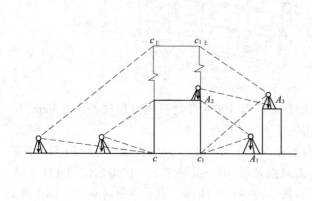
图5-17 减小经纬仪投测角

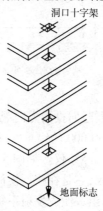
图5-18 吊线坠法投测

使用吊线坠法进行轴线投测,经济、简单又直观,精度也比较可靠,但投测时费时、费力,正逐渐被下面所述的垂准仪法所替代。

(3)垂准仪法。

垂准仪法就是利用能提供铅直向上(或向下)视线的专用测量仪器,进行竖向投测。常用的仪器有垂准经纬仪、激光经纬仪和激光垂准仪等。用垂准仪法进行高层建筑的轴线投测,具有占地小、精度高、速度快的优点,在高层建筑施工中得到广泛的应用。

垂准仪法需要事先在建筑底层设置轴线控制网,建立稳固的轴线标志,在标志上方每层楼板都预留30cm×30cm的垂准孔,供视线通过,如图5-19所示。

①垂准经纬仪。如图5-20a)所示,该仪器的特点是在望远镜的目镜位置上配有弯曲成90°的目镜,使仪器铅直指向正上方时,测量员能方便地进行观测。此外该仪器的中轴是空心的,使仪器也能观测正下方的目标。

使用时,将仪器安置在首层地面的轴线点标志上,严格对中整平,由弯管目镜观测,当仪器水平转动一周时,若视线一直指向一点上,说明视线方向处于铅直状态,可以向上投测。投测时,视线通过楼板上预留的孔洞,将轴线点投测到施工层楼板的透明板上定点,为了提高投测精度,应将仪器照准部水平旋转一周,在透明板上投测多个点,这些点应构成一个小圆,然后取小圆的中心作为轴线点的位置。同法用盘右再投测一次,取两次的中点作为最后结果。由于投测时仪器安置在施工层下面,因此在施测过程中要注意对仪器和人员的安全采取保护措施,防止被落物击伤。

如果把垂准经纬仪安置在浇筑后的施工层上,将望远镜调成铅直向下的状态,视线通过楼板上预留的孔洞,照准首层地面的轴线点标志,也可将下面的轴线点投测到施工层上来,如图5-20b)所示。该法较安全,也能保证精度。

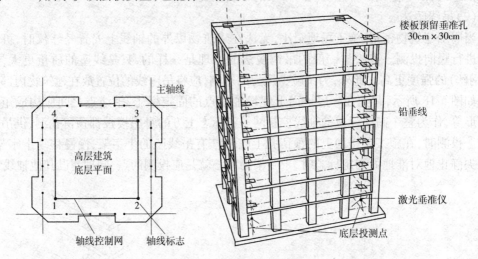

图5-19 轴线控制桩与投测孔

该仪器竖向投测方向观测中误差不大于±6″,即100m高处投测点位误差为±3mm,相当于约1/30 000的铅垂度,能满足高层建筑对竖向的精度要求。

②激光经纬仪。如图5-21所示,为装有激光器的苏州第一光学仪器厂生产的J2-JDE激光经纬仪,它是在望远镜筒上安装一个氦氖激光器,用一组导光系统把望远镜的光学系统联系起来,组成激光发射系统,再配上电源,便成为激光经纬仪。为了测量时观测目标方便,激光束进入发射系统前设有遮光转换开关。遮去发射的激光束,就可在目镜(或通过弯管目镜)处观测目标,而不必关闭电源。

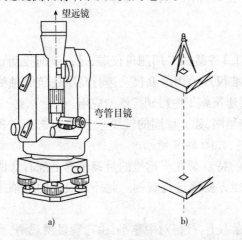

图5-20 垂准经纬仪

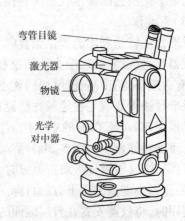

图5-21 激光经纬仪

激光经纬仪用于高层建筑轴线竖向投测,其方法与配弯管目镜的经纬仪是一样的,只不过是用可见激光代替人眼观测。投测时,在施工层预留孔中央设置用透明聚酯膜片绘制的接收靶,在地面轴线点处对中整平仪器,起辉激光器,调节望远镜调焦螺旋,使投射在接收靶上的激光束光斑最小,再水平旋转仪器,检查接收靶上光斑中心是否始终在同一点,或划出一个很小的圆圈,以保证激光束铅直,然后移动接收靶使其中心与光斑中心或小圆圈中心重合,将接收靶固定,则靶心即为欲投测的轴线点。

③激光垂准仪。如图5-22所示,为苏州第一光学仪器厂生产的DZJ2激光垂准仪,主要由氦氖激光器、竖轴、水准管、基座等部分组成。

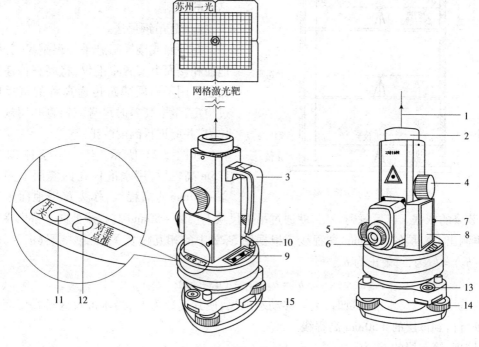

图5-22 激光垂准仪

1-望远镜激束;2-物镜;3-手柄;4-物镜调焦螺旋;5-激光光斑调焦螺旋;6-目镜;7-电池盒固定螺钉;8-电池盒盖;9-管水准器;10-管水准器校正螺钉;11-电源开关;12-对点/垂准激光切换开关;13-圆水准器;14-脚螺旋;15-轴套锁定钮

该激光垂准仪是在光学垂准系统的基础上添加了半导体激光器,可以分别给出上下同轴的两条激光铅垂线,并与望远镜视准轴同心、同轴、同焦。使用时,在测站点上安置激光垂准仪,按图5-22中的11键打开电源,按对点/垂准激光切换开关12,使仪器向下发射激光,转动激光光斑调焦螺旋5,使激光光斑聚焦于地面上一点,然后按常规的对中整平操作安置好仪器;按对点/垂准激光切换开关12,使仪器通过望远镜向上发射激光,转动激光光斑调焦螺旋,使激光光斑聚焦于目标面上一点,将网格激光靶放置在目标面上,即可方便地投测轴线点。激光的有效射程白天为120m,夜间为250m,距离仪器望远镜80m处的激光光斑直径≤5mm,向上投测一测回垂直测量标准差为1/4.5万,等价于激光铅垂精度为±5″。仪器使用两节5号电池供电,发射激光波长为$0.65\mu m$的电磁波,功率为0.1mW。

2. 高层建筑的高程传递

高层建筑各施工层的高程是由底层±0.000高程线传递上来的。高层建筑施工的高程偏差限差见表5-3。

(1)用钢尺直接测量

一般用钢尺沿结构外墙、边柱或楼梯间由底层±0.000高程线向上竖直量取设计高差,即可得到施工层的设计高程线。用这种方法传递高程时,应至少由三处底层高程线向上传递,以便于相互校核。由底层传递到上面同一施工层的几个高程点必须用水准仪进行校核,检查各高程点是否在同一水平面上,其误差应不超过±3mm。合格后以其平均高程为准,作

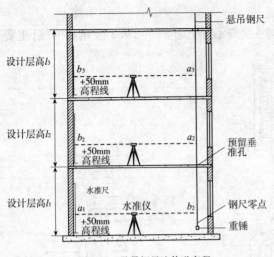

图 5-23 悬吊钢尺法传递高程

为该层的地面高程。若建筑高度超过一尺段(30m 或 50m),可每隔一个尺段的高度精确测设新的起始高程线,作为继续向上传递高程的依据。

(2)悬吊钢尺法

在外墙或楼梯间悬吊一根钢尺,分别在地面和楼面上安置水准仪,将高程传递到楼面上。用于高层建筑传递高程的钢尺应经过检定,量取高差时尺身应铅直和用规定的拉力,并应进行温度改正。

如图 5-23 所示,当一层墙体砌筑到 1.5m 高程后,用水准仪在内墙面上测设一条 +50mm 的高程线,作为首层地面施工及室内装修的依据。以后每砌一层,就通过吊钢尺从下层的 +50mm 高程线处向上量出设计层高,再测出上一层的 +50mm 高程线。根据图 5-22 中的相互位置关系:第二层$(a_2 - b_2) - (a_1 - b_1) = l_1$ 为,可解出为 b_2:

$$b_2 = a_2 - l_1 - (a_1 - b_1) \tag{5-2}$$

在进行第二层水准测量时,上下移动水准尺,使其读数为 b_2,沿水准尺底部在墙面上划线,即可得到该层的 +50mm 高程线。

同理,第三层的 b_3 为:

$$b_3 = a_3 - (l_1 + l_2) - (a_1 - b_1) \tag{5-3}$$

第五节 结构安装测量

一、柱子安装测量

1. 柱子安装应满足的基本要求

柱子中心线应与相应的柱列轴线一致,其允许偏差为 ±5mm。牛腿顶面和柱顶面的实际高程应与设计高程一致,其允许误差为 ±(5~8mm),柱高大于 5m 时为 ±8mm。柱身垂直允许误差为当柱高≤5m 时为 ±5mm;当柱高 5~10m 时,为 ±10mm;当柱高超过 10m 时,则为柱高的 1/1 000,但不得大于 20mm。

2. 柱子安装前的准备工作

柱子安装前的准备工作有以下几项:

(1)在柱基顶面投测柱列轴线。柱基拆模后,用经纬仪根据柱列轴线控制桩,将柱列轴线投测到杯口顶面上,如图 5-24 所示,并弹出墨线,用红漆画出"▶"标志,作为安装柱子时确定轴线的依据。如果柱列轴线不通过柱子的中心线,应在杯形基础顶面上加弹柱中心线。用水准仪,在杯口内壁,测设一条一般为 -0.600m 的高程线(一般杯口顶面的高程为 -0.500m),并画出"▼"标志,如图 5-24 所示,作为杯底找平的依据。

(2)柱身弹线。柱子安装前,应将每根柱子按轴线位置进行编号。如图 5-25 所示,在每根柱子的三个侧面弹出柱中心线,并在每条线的上端和下端近杯口处画出"▶"标志。根据牛腿面的设计高程,从牛腿面向下用钢尺量出 -0.600m 的高程线,并画出"▼"标志。

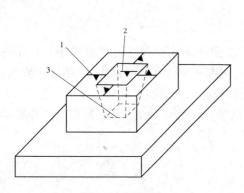

图 5-24 杯形基础
1-柱中心线;2-60cm 高程线;3-杯底

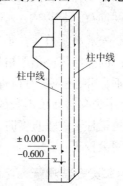

图 5-25 柱身弹线(高程单位:m)

(3)杯底找平。先量出柱子的 -0.600m 高程线至柱底面的长度,再在相应的柱基杯口内,量出 -0.600m 高程线至杯底的高度,并进行比较,以确定杯底找平厚度,用水泥沙浆根据找平厚度,在杯底进行找平,使牛腿面符合设计高程。

3. 柱子的安装测量

柱子安装测量的目的是保证柱子平面和高程符合设计要求,柱身铅直。

(1)预制的钢筋混凝土柱子插入杯口后,应使柱子三面的中心线与杯口中心线对齐,如图 5-26a)所示,用木楔或钢楔临时固定。

(2)柱子立稳后,立即用水准仪检测柱身上的 ±0.000m 高程线,其容许误差为 ±3mm。

(3)如图 5-26a)所示,用两台经纬仪,分别安置在柱基纵、横轴线上,离柱子的距离不小于柱高的 1.5 倍,先用望远镜瞄准柱底的中心线标志,固定照准部后,再缓慢抬高望远镜观察柱子偏离十字丝竖丝的方向,指挥用钢丝绳拉直柱子,直至从两台经纬仪中,观测到的柱子中心线都与十字丝竖丝重合为止。

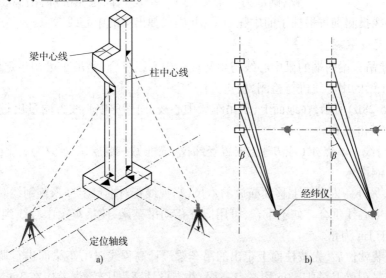

图 5-26 柱子垂直度校正

(4)在杯口与柱子的缝隙中浇入混凝土,以固定柱子的位置。

(5)在实际安装时,一般是一次把许多柱子都竖起来,然后进行垂直校正。这时,可把两台经纬仪分别安置在纵横轴线的一侧,一次可校正几根柱子,如图5-26b)所示,但仪器偏离轴线的角度,应在15°以内。

4.柱子安装测量的注意事项

所使用的经纬仪必须严格校正,操作时,应使照准部水准管气泡严格居中。校正时,除注意柱子垂直外,还应随时检查柱子中心线是否对准杯口柱列轴线标志,以防柱子安装就位后,产生水平位移。在校正变截面的柱子时,经纬仪必须安置在柱列轴线上,以免产生差错。在日照下校正柱子的垂直度时,应考虑日照使柱顶向阴面弯曲的影响,为避免此种影响,宜在早晨或阴天校正。

二、吊车梁安装测量

吊车梁安装测量主要是保证吊车梁中线位置和吊车梁的高程满足设计要求。

1.吊车梁安装前的准备工作

吊车梁安装前的准备工作有以下几项:

(1)在柱面上量出吊车梁顶面高程。根据柱子上的±0.000高程线,用钢尺沿柱面向上量出吊车梁顶面设计高程线,作为调整吊车梁面高程的依据。

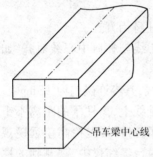

图5-27 在吊车梁上弹出梁的中心

(2)在吊车梁上弹出梁的中心线。如图5-27所示,在吊车梁的顶面和两端面上,用墨线弹出梁的中心线,作为安装定位的依据。

(3)在牛腿面上弹出梁的中心线。根据厂房中心线,在牛腿面上投测出吊车梁的中心线,投测方法如下:

如图5-28a)所示,利用厂房中心线A_1A_1,根据设计轨道间距,在地面上测设出吊车梁中心线(也是吊车轨道中心线)$A'A'$和$B'B'$。在吊车梁中心线的一个端点A'(或B')上安置经纬仪,瞄准另一个端点A'(或B'),固定照准部,抬高望远镜,即可将吊车梁中心线投测到每根柱子的牛腿面上,并墨线弹出梁的中心线。

2.吊车梁的安装测量

安装时,使吊车梁两端的梁中心线与牛腿面梁中心线重合,是吊车梁初步定位。采用平行线法,对吊车梁的中心线进行检测,校正方法如下:

(1)如图5-28b)所示,在地面上,从吊车梁中心线,向厂房中心线方向量出长度a(1m),得到平行线$A''A''$和$B''B''$。

(2)在平行线一端点A''(或B'')上安置经纬仪,瞄准另一端点A''(或B''),固定照准部,抬高望远镜进行测量。

(3)此时,另外一人在梁上移动横放的木尺,当视线正对准尺上一米刻划线时,尺的零点应与梁面上的中心线重合。如不重合,可用撬杠移动吊车梁,使吊车梁中心线到$A''A''$(或$B''B''$)的间距等于1m为止。

吊车梁安装就位后,先按柱面上定出的吊车梁设计高程线对吊车梁面进行调整,然后将水准仪安置在吊车梁上,每隔3m测一点高程,并与设计高程比较,误差应在3mm以内。

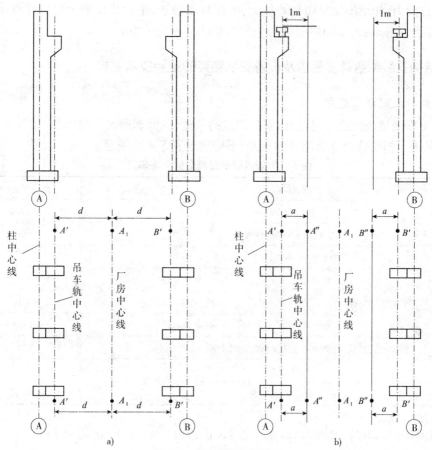

图 5-28 吊车梁的安装测量

三、屋架安装测量

1. 屋架安装前的准备工作

屋架吊装前,用经纬仪或其他方法在柱顶面上,测设出屋架定位轴线。在屋架两端弹出屋架中心线,以便进行定位。

2. 屋架的安装测量

屋架吊装就位时,应使屋架的中心线与柱顶面上的定位轴线对准,允许误差为 5mm。屋架的垂直度可用锤球或经纬仪进行检查。用经纬仪检校方法如下:

(1)如图 5-29 所示,在屋架上安装三把卡尺,一把卡尺安装在屋架上弦中点附近,另外两把分别安装在屋架的两端。自屋架几何中心沿卡尺向外量出一定距离,一般为 500mm,做出标志。

(2)在地面上,距屋架中线同样距离处,安置经纬仪,观测三把卡尺的标志是否

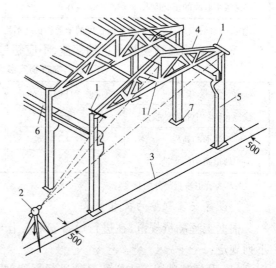

图 5-29 屋架的安装测量(尺寸单位:mm)
1—卡尺;2—经纬仪;3—定位轴线;4—屋架;5—柱;
6—吊车梁;7—柱基

131

在同一竖直面内,如果屋架竖向偏差较大,则用机具校正,最后将屋架固定。垂直度允许偏差为:薄腹梁为5mm;桁架为屋架高的1/250,但不得超过±15mm。

四、结构安装测量精度要求及设备安装测量的主要技术要求

1. 结构安装测量精度要求

根据工程测量规范的规定,结构安装测量的精度,应分别满足下列要求:

(1)柱子、桁架或梁安装测量的偏差,不应超过表5-4的规定。

柱子、桁架或梁安装测量的允许偏差 表5-4

测量内容		允许偏差(mm)
钢柱垫板高程		±2
钢柱±0高程检查		±2
混凝土柱(预制)±0高程检查		±3
柱子垂直度检查	钢柱牛腿	5
	柱高10m以内	10
	柱高10m以上	$H/1000 \leqslant 20$
桁架和实腹梁、桁架和钢架的支承结点间相邻高差的偏差		±5
梁间距		±3
梁面垫板高程		±2

注:H为柱子高度。

(2)构件预装测量的偏差,不应超过表5-5的规定。

构件预装测量的允许偏差 表5-5

测量内容	测量的允许偏差(mm)	测量内容	测量的允许偏差(mm)
平台面抄平	±1	预装过程中的抄平工作	±2
纵横中心线的正交度	$±0.8\sqrt{l}$		

注:l为自交点起算的横向中心线长度的米数。长度不足5m时,以5m计。

(3)附属构筑物安装测量的偏差,不应超过表5-6的规定。

附属构筑物安装测量的允许偏差 表5-6

测量项目	测量的允许偏差(mm)	测量项目	测量的允许偏差(mm)
栈桥和斜桥中心线的投点	±2	管道构件中心线的定位	±5
轨面的高程	±2	管道高程的测量	±5
轨道跨距的丈量	±2	管道垂直度的测量	$H/1000$

注:H为管道垂直部分的长度。

2. 设备安装测量的技术要求

根据工程测量规范,在进行设备安装工作时,其设备安装测量的主要技术要求,应符合下列规定:

(1)设备基础竣工中心线必须进行复测,两次测量的较差不应大于5mm。

(2)对于埋设有中心标板的重要设备基础,其中心线应由竣工中心线引测,同一中心标点的偏差不应超过±1mm。纵横中心线应进行正交度的检查,并调整横向中心线。同一设

备基准中心线的平行偏差或同一生产系统的中心线的直线度应在±1mm以内。

另外,每组设备基础,均应设立临时高程控制点。高程控制点的精度,对于一般的设备基础,其高程偏差,应在±2mm以内;对于与传动装置有联系的设备基础,其相邻两高程控制点的高程偏差,应在±1mm以内。

第六节 竣工总平面图的测绘

一、编制竣工总平面图的目的

工业与民用建筑工程是根据设计总平面图施工的。在施工过程中,由于种种原因,使建(构)筑物竣工后的位置与原设计位置不完全一致,所以,需要编绘竣工总平面图。

编制竣工总平面图的目的:一是为了全面反映竣工后的现状,二是为以后建(构)筑物的管理、维修、扩建、改建及事故处理提供依据,三是为工程验收提供依据。

竣工总平面图的编绘包括竣工测量和资料编绘两方面内容。

二、竣工总平面图的测量

建(构)筑物竣工验收时进行的测量工作,称为竣工测量。

在每一个单项工程完成后,必须由施工单位进行竣工测量,并提出该工程的竣工测量成果,作为编绘竣工总平面图的依据。

1. 竣工测量的内容

(1)工业厂房及一般建筑物:测定各房角坐标、几何尺寸,各种管线进出口的位置和高程,室内地坪及房角高程,并附注房屋结构层数、面积和竣工时间。

(2)地下管线:测定检修井、转折点、起终点的坐标,井盖、井底、沟槽和管顶等的高程,附注管道及检修井的编号、名称、管径、管材、间距、坡度和流向。

(3)架空管线:测定转折点、结点、交叉点和支点的坐标,支架间距、基础面高程等。

(4)交通线路:测定线路起终点、转折点和交叉点的坐标,路面、人行道、绿化带界线等。

(5)特种构筑物:测定沉淀池的外形和四角坐标、圆形构筑物的中心坐标,基础面高程,构筑物的高度或深度等。

2. 竣工测量的方法与特点

竣工测量的基本测量方法与地形测量相似,区别在于以下几点:

(1)图根控制点的密度:一般竣工测量图根控制点的密度,要大于地形测量图根控制点的密度。

(2)碎部点的实测:地形测量一般采用视距测量的方法,测定碎部点的平面位置和高程;而竣工测量一般采用经纬仪测角、钢尺量距的极坐标法测定碎部点的平面位置,采用水准仪或经纬仪视线水平测定碎部点的高程;亦可用全站仪进行测绘。

(3)测量精度:竣工测量的测量精度,要高于地形测量的测量精度。地形测量的测量精度要求满足图解精度,而竣工测量的测量精度一般要满足解析精度,应精确至厘米。

(4)测绘内容:竣工测量的内容比地形测量的内容更丰富。竣工测量不仅测地面的地物和地貌,还要测底下各种隐蔽工程,如上、下水及热力管线等。

三、竣工总平面图的编绘

1. 编绘竣工总平面图的依据

(1)设计总平面图,单位工程平面图,纵、横断面图,施工图及施工说明。

(2)施工放样成果,施工检查成果及竣工测量成果。

(3)更改设计的图纸、数据、资料(包括设计变更通知单)。

2. 竣工总平面图的编绘方法

(1)在图纸上绘制坐标方格网:绘制坐标方格网的方法、精度要求,与地形测量绘制坐标方格网的方法、精度要求相同。

(2)展绘控制点:坐标方格网画好后,将施工控制点按坐标值展绘在图纸上。展点对所临近的方格而言,其容许误差为±0.3mm。

(3)展绘设计总平面图:根据坐标方格网,将设计总平面图的图面内容,按其设计坐标,用铅笔展绘于图纸上,作为底图。

(4)展绘竣工总平面图:对凡按设计坐标进行定位的工程,应以测量定位资料为依据,按设计坐标(或相对尺寸)和高程展绘。对原设计进行变更的工程,应根据设计变更资料展绘。对凡有竣工测量资料的工程,若竣工测量成果与设计值之比差,不超过所规定的定位容许误差时,按设计值展绘;否则,按竣工测量资料展绘。

3. 竣工总平面图的整饰

(1)竣工总平面图的符号应与原设计图的符号一致。有关地形图的图例应使用国家地形图图示符号。

(2)对于厂房应使用黑色墨线,绘出该工程的竣工位置,并应在图上注明工程名称、坐标、高程及有关说明。

(3)对于各种地上、地下管线,应用各种不同颜色的墨线,绘出其中心位置,并应在图上注明转折点及井位的坐标、高程及有关说明。

(4)对于没有进行设计变更的工程,用墨线绘出的竣工位置,与按设计原图用铅笔绘出的设计位置应重合,但其坐标及高程数据与设计值比较可能稍有出入。

随着工程的进展,逐渐在底图上,将铅笔线都绘成墨线。

4. 补充说明

对于直接在现场指定位置进行施工的工程、以固定地物定位施工的工程及多次变更设计而无法查对的工程等,只好进行现场实测,这样测绘出的竣工总平面图,称为实测竣工总平面图。

本 章 小 结

1. 施工前的测量工作包括熟悉设计图纸、现场踏勘以及确定测设方案和准备测设数据。

2. 建筑物的定位和放线的基本概念;建筑物常见的定位方法有三种,分别是:根据控制点定位、根据建筑方格网和建筑基线定位、根据与原有建筑物和道路的关系定位。

3. 基础施工测量方法包括链三个步骤:基槽抄平,基槽底口和垫层轴线投测以及用水准仪来控制基础高程。桩基础施工测量中采用内分法用经纬仪定线精密量距法进行桩位轴线引桩的测设。

4. 主体结构施工测量主要是指墙体施工测量,包括两个步骤:墙体轴线测设与墙体高程测设,高程传递一般有两种方法:利用钢尺直接丈量法和悬吊钢尺法来传递高程。高层建筑施工中对竖向偏差的控制要求比一般建筑高,其施工测量主要包括高层建筑轴线投测和高层建筑高程传递。

5. 结构安装测量主要包括工业建筑中的柱子安装测量、吊车梁安装测量以及屋架安装测量。柱子安装测量的目的是保证柱子平面和高程符合设计要求,柱身铅直;吊车梁安装测量主要是保证吊车梁中线位置和吊车梁的高程满足设计要求;屋架安装测量主要是保证屋架的中心线与柱顶面上的定位轴线准确定位。

6. 编制竣工总平面图的目的一是为了全面反映竣工后的现状,二是为以后建(构)筑物的管理、维修、扩建、改建及事故处理提供依据,三是为工程验收提供依据。竣工总平面图的编绘包括竣工测量和资料编绘两方面内容。

7. 竣工测量的内容包括:工业厂房及一般建筑物、地下管线、架空管线、交通线路、特种构筑物。

思考题与习题

1. 在进行民用建筑施工测设前应做好哪些准备工作?
2. 建筑总平面图的作用是什么?
3. 设置龙门板或引桩的作用是什么?如何设置?
4. 轴线控制桩如何测设?其优点有哪些?
5. 如图 5-30 所示,已知机加工车间两个对角点的坐标,测设时顾及基坑开挖线范围,拟将厂房控制网设置在厂房角点以外 6m,试求厂房控制网四角点 T、U、R、S 的坐标,并简述其测设方法(利用施工控制点进行放样)。

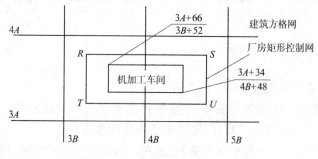

图 5-30

6. 一般民用建筑条形基础施工过程中要进行哪些测量工作?
7. 高层建筑施工测量有什么特点?如何进行轴线投测与高层传递?
8. 柱子安装的基本要求是什么?如何进行柱子的竖直校正?
9. 试述吊车梁的吊装测量工作。
10. 为什么要编绘竣工总平面图?竣工测量相比于地形测量,有什么特点?

第六章 建筑物变形观测

本章知识要点：
  本章主要介绍了工程建筑物变形观测的目的和意义，变形观测的基本内容及精度要求。重点介绍水准测量和液体静力水准测量进行沉降观测的方法；基准线法、角度前方交会法测水平位移；工程建筑物或构筑物的倾斜观测方法；裂缝的观测方法；以及变形观测资料整编的基本内容。

第一节 建筑物变形观测概述

  变形观测是测定工程建筑物及其地基基础在自身荷载和外力作用下随时间而变形的工作，其主要内容包括工程建筑物的沉降观测（又叫垂直位移观测）、水平位移观测、倾斜观测及裂缝观测等。变形观测是监测工程建筑物在各种应力作用下是否安全的重要手段，是验证设计理论和检验施工质量的重要依据，也是保证建筑物在施工、使用和运行中的安全，以及为建筑物的设计、施工、管理及科学研究提供可靠的资料，以便研究变形的原因和规律，以改进设计理论和施工方法。

  工程建筑物在其施工建设和运营管理过程中，都会产生变形。这种变形若在一定的限度内，应认为是正常现象，但如果超过规定的限度，就会影响工程建筑物的正常使用，严重时会危及工程建筑物的安全。因此，在工程建筑物的施工建设和运营管理阶段，必须对其进行变形观测。

一、变形观测的意义及其特点

变形观测的意义主要表现在以下两个方面：
（1）实用上的作用。保障工程安全，监测各种工程建筑物的地质构造变形，及时发现异常变化，对稳定性、安全性做出判断，以便采取措施处理事故发生。
（2）科学上的作用。积累监测分析资料，能更好地解释变形的机理，验证变形的假说，检验工程设计是否合理。

二、变形观测的内容及观测周期

  工程建筑物变形观测按其观测对象可分为建筑物深基坑、地基基础变形观测和建筑物上部变形观测，主要包括沉降观测、水平位移观测、倾斜观测及裂缝观测等。一些大型水利工程，除水平位移、沉降观测、裂缝观测等外，还有挠度和伸缩缝观测等。

  变形观测的任务是周期性地对观测点进行重复观测。求得其在两个观测周期间的变化量。而为了求得瞬时变形,则应采用各种自动记录仪器记录其瞬时位置。观测频率取决于工程建筑物及其基础变形值大小、变形速度及观测目的,通常要求观测的次数既能反映出变化过程,又不遗漏变化的时刻。观测时间应根据工程的性质、施工进度、地质情况、荷载增加情况以及工程建筑物变形速度来确定观测时间。工业与民用建筑在施工期间增加较大荷载前后都应进行观测,如基础回填土、上部结构每层施工等,因故停工时和复工后都应进行观测,工程竣工后,一般每月观测一次,变形速度减慢,可改为 2~3 个月观测一次,直至变形稳定为止。

三、变形观测的基本要求

(1)大型或重要工程建筑物、构筑物在工程设计时,应对变形测量统筹安排,施工开始时,即应进行变形观测。

(2)变形观测的精度要求应根据建筑物的性质、结构、重要性、对变形的灵敏程度等因素确定。

(3)变形观测应使用精密仪器施测,每次观测前,对所使用的仪器设备应进行检测。

(4)每次观测时,应采用相同的路线和观测方法,使用同一仪器和设备,固定观测人员,在基本相同的环境和条件下工作。

(5)变形观测的周期应根据观测对象、变形值的大小及变形速度、工程地质情况等因素来考虑。

(6)变形观测结束后,应根据工程需要整理以下资料:变形值成果表,观测点布置图、变形曲线图及变形分析等。在观测过程中,还要根据变形量的变化情况,适当调整观测周期。

四、变形观测的精度

变形观测精度要求取决于该工程建筑物预计的允许变形值的大小和进行观测的目的。能否达到预定目的,受诸多因素影响。其中,最基本的因素是观测方案的设计、基准点、工作基点和观测点的布设、观测的精度和频率、每次观测的时间及所处的环境等。

对于不同类型的工程建筑物,变形观测的精度要求差别很大;同类工程建筑物,由于其结构形式和所处的环境不同,变形观测的精度要求也有差异;即便是同一工程建筑物,不同部位变形观测的精度要求也不尽相同。原则上要求:为了使变形值不超过某一允许的数值而确保建筑物的安全,其观测中误差应小于允许变形值的 1/20~1/10;如果变形的目的是为了了解变形过程,则其观测中的误差应比这个数值小得多。可结合观测环境、技术条件和设备等实际情况来考虑。从实用的观点出发,高程观测点的高程中误差可取 ±1mm;平面观测点的点位中误差可取 ±2mm。

第二节 建筑物变形观测工作施测

一、工作基点对变形值的影响

变形观测成果的价值和完整性,在很大程度上取决于地面上基准点、工作基点和变形体上观测点的布设情况及在观测期间的保存情况。

1. 变形测量点

（1）变形观测点：是设置在变形体上的照准标志点，点位要设立在能准确反映变形体变形特征的位置上，也称变形点，观测点。

（2）基准点：即固定不动的点，用于测定工作基点和变形观测点，点位埋设在变形区以外的稳定地区，每个工程应该至少有三个基准点。

（3）工作基点：作为直接测定变形观测点的相对稳定的点，也称工作点，是基准点和变形点之间的联系点。对通视情况较好或观测项目较少的工程，可不设立工作基点，而直接在基准点上测定变形观测点。

2. 工程建筑物变形观测网

工程建筑物变形观测网是专门为工程建筑物的变形布设的测量控制网，主要分为水平控制网和垂直控制网，水平控制网多布设为基准线或角度前方交会图形；垂直控制网多为精密水准网。变形观测网的布设原则如下：

（1）变形观测网多为精度高但规模小的专用控制网。

（2）在满足变形观测需要和精度要求的前提下，网形应尽可能简单，以便迅速获得可靠的变形观测结果。

（3）一般情况下可布设一次全面网（如测角网、测边网、边角网及结点水准网等），即由控制点直接可观测变形体上的观测点。在特殊情况下可布设多级网，但应遵循"从整体到局部、由高级到低级"的原则，以便分级布设、逐级控制，并保证足够精度。

（4）全面考虑、合理布设作为变形观测依据的基准点和工作基点。

（5）变形观测点应布设在工程建筑上最具有代表性的部位。

3. 工作基点的检核

为了减小长距离观测中各项测量误差的积累，应尽量缩短观测时路线的长度。为此，可根据作业现场的实际情况，在工程建筑物附近设立若干个工作基点。工作基点应位于比较稳定且便于观测的地方，以便直接测定观测点的位移。工作基点是否稳定，则由基准点来检测。采用的方法是将基准点及工作基点组成水准网或边角网，定期进行重复高程或平面位置测量。工作基点的检测，应尽可能选在外界条件相近的情况下进行，以减小外界条件及其变化对观测结果的影响。

对于大型工程建筑物沉降观测，一般布设一级或二级水准点。根据离工程建筑物最近的工作基点，定期地对各观测点进行精密水准测量，以求得各点在某一时间段内的相对垂直位移值。另外还要定期地根据水准基点对工作基点进行精密水准测量，以求得工作基点的垂直位移值。从而将各观测点的垂直位移值加以改正，求得它们在该时间内的绝对垂直位移。

对于工程建筑物的水平位移观测，工作基点的检核一般采用三角测量法；在条件允许时，也可在远处埋设稳定不变的定向点，在工作基点处以后方交会法测定其位移值。

当工作基点确实存在位移时，将对观测成果产生很大影响，测量时先计算工作基点的位移，再对位移的观测值施加改正数，以得到正确的变形值。

二、沉降观测

测定工程建筑物上所埋设观测点的高程随时间而变化的工作称为沉降观测，也称水平位移观测。由于沉降量等于重复观测的高程与首期观测高程之差,故可采取精密水准测量方法,也可采用液体静力水准测量的方法进行观测。

1. 精密水准测量法

1)水准基点的布设

水准基点是确认固定不动且作为沉降观测高程的基准点,因此水准基点的布设应满足以下要求:

(1)要有足够的稳定性。水准基点必须设置在沉降影响范围以外,冰冻地区水准基点应埋设在冰冻线以下0.5m。设在墙上的水准点应埋在永久性建筑物上,且离开地面高度约为0.5m。

(2)要具备检核条件。为了保证水准基点高程的正确性,水准基点最少应布设3个,以便相互检核。对建筑面积大于5 000m^2或高层建筑,则应适当增加水准基点的个数。

(3)要满足一定的观测精度。水准基点和观测点之间的距离应适中,相距太远会影响观测精度,一般应在100m范围内。

(4)水准基点的标志构造。必须根据埋设地区的地质条件、气候情况及工程的重要程度进行设计。对于一般建筑物及深基坑沉降监测,可参照水准测量规范中二、三等水准的规定进行标志设计与埋设;对于高精度的变形监测,需设计和选择专门的水准基点标志。

2)沉降观测点的布设

沉降观测点是设立在变形体上的、能反映其变形的特征点。沉降观测点的位置和数量应根据工程地质情况、基础周边环境和工程建筑物的荷载情况而定。沉降观测点应布设在能全面反映建筑物沉降情况的部位:

(1)沉降观测点应布置在深基坑及建筑物本身沉降变化较显著的地方,并要考虑到在施工期间和竣工后能顺利进行监测的地方。

(2)沉降观测点应均匀布置的,它们之间的距离一般为10~20m。深基坑支护结构的沉降观测点应埋设在锁口梁上,一般间距10~15m埋设一点。

(3)在建筑物四周角点、中点及内部承重墙(柱)上均需埋设观测点,并应沿房屋周长每间隔10~12m设置一个观测点。

(4)在高层和低层建筑物、新老建筑物连接处,以及在相接处的两边都应布设观测点。

(5)沉降观测点的设置形式如图6-1所示。

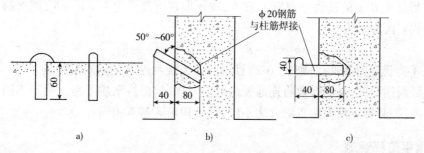

图6-1 沉降观测点的设置形式(尺寸单位:mm)

3)沉降观测

(1)观测周期。应根据工程建筑物的性质、施工进度、观测精度、工程地质情况及基础荷载的变化情况而定。

①当埋设的沉降观测点稳固后,在建筑物主体开工前,进行第一次观测。

②在建(构)筑物主体施工过程中,一般每施工1~2层观测一次。如中途停工时间较长,应在停工时和复工时进行观测。

③当发生大量沉降或严重裂缝时,应立即或几天一次连续观测。

④建筑物封顶或竣工后,一般每月观测一次,如果沉降速度减缓,可改为2~3个月观测一次,直至沉降稳定为止。

(2)观测方法及精度要求。一般性高层建筑和深基坑开挖的沉降观测,通常按二等精密水准测量,其水准路线的闭合差不应超过 $\pm 0.6\sqrt{n}mm$(n 为测站数)。沉降观测的水准路线应布设为闭合水准路线。对于观测精度较低的多层建筑物的沉降观测,其水准路线的闭合差不应超过 $\pm 1.4\sqrt{n}mm$(n 测站数)。

(3)工作要求。沉降观测是一项长期、连续的工作,为了保证观测成果的正确性,应尽可能做到四定,即固定观测人员,使用固定的水准仪和水准尺,使用固定的水准基点,按固定的实测路线和测站进行。

2. 液体静力水准测量

液体静力水准测量广泛用于工程建筑物和各种设备的沉降观测,它是根据静止的液体在重力作用下保持同一水平面的原理,来测定观测点高程的变化,从而得到沉降量。基本原理如图6-2所示。

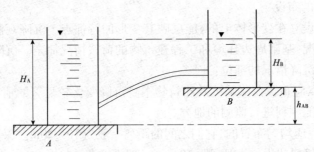

图6-2 液体静力水准测量

当注入液体液面静止后,两液面高度之差即为高差,即:

$$h_{AB} = H_A - H_B \tag{6-1}$$

设首次观测时测得 A、B 上的读数分别为 a_1 和 b_1,则首次观测高差为 $h_1 = a_1 - b_1$,设第 i 次观测时测点 A、B 上的读数分别为 a_i 和 b_i,则该期观测高差为 $h_i = a_i - b_i$,则至第一期观测时两点间相对沉降量为:

$$\Delta h_i = h_i - h_1 = (a_i - a_1) - (b_i - b) \tag{6-2}$$

如果 A 为稳定的基准点,则式(6-2)算得的即为观测点 B 的绝对沉降量。

为保证观测精度,观测时要将连通管内的空气排尽,保持水质干净。对于不同型号的液体静力水准仪,其确定液面位置的方法不同,但结构形式基本相同。

三、水平位移观测

工程建筑物平面位置随时间而发生的移动称为水平位移。水平位移观测是测定工程建筑物、构筑物的平面位置随时间变化的移动量。首先要在工程建筑物附近埋设测量控制点,再在建筑物上设置位移观测点,在控制点上设置仪器对位移观测点进行观测。水平位移观测常用的方法有以下几种:

1. 基准线法

有时只要求测定工程建筑物在某特定方向上的位移量,如建筑物深基坑锁口梁上的位移量,桥梁在垂直于桥轴线方向上的位移量。这种情况可采用基准线法进行水平位移观测。其原理是在与水平位移垂直的方向上建立一条固定不变的基准线,测定各观测点相对基准线的铅垂面的距离变化,从而求得水平位移。

基准线法按其作业方法和所用工具的不同,又可分为视准线法和测小角法。

(1)视准线法。

A、B 为在变形区域以外稳定不动的点,AB 连线即为视准轴,在工程建筑物上埋设一些观测标志,定期测量观测标志偏离基准线的距离,就可了解变形体随时间的位移情况。如图 6-3 所示,观测时,将经纬仪安置于一端工作基点 A 上,瞄准另一端工作基点 B,确定基准线方向,通过测量观测点偏离视线的距离变化,求得水平位移值。

(2)测小角法。

如图 6-4 所示,先在位移方向的垂直方向上建立一条基准线,A、B 为测量控制点,M 为基准线方向上的观测标志。只要定期测量观测点 M 与基准线 AB 的角度变化值 $\Delta\beta$,即可测定水平位移量,$\Delta\beta$ 测量方法如下:

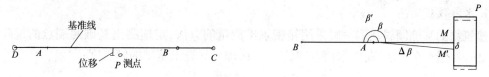

图 6-3 基准线法测水平位移　　　　图 6-4 测小角法测水平位移

在 A 点安置经纬仪,第一次观测水平角 $\angle BAM = \beta$,第二次观测水平角 $\angle BAM = \beta'$,两次观测水平角的角值之差即 $\Delta\beta$:

$$\Delta\beta = \beta' - \beta \tag{6-3}$$

其水平位移量为:

$$\delta = D_{AM}\frac{\Delta\beta}{\rho''} \tag{6-4}$$

2. 角度前方交会法

如果工程施工现场环境复杂,则不能采用基准线法,可利用前方交会法,对观测点进行角度观测。交会角应在 60°~120°,最好采用三点交会。由此可测得观测点的坐标,将每次测出的坐标值与前一次测出的坐标值进行比较,利用两期之间的坐标差值 Δx、Δy,计算该点的水平位移量 $\delta = \sqrt{\Delta x^2 + \Delta y^2}$。

3. 导线测量法

对于非直线形工程建筑物的水平位移观测,如曲线桥梁、拱坝,应采用导线法测量,以便同时测定变形体上某观测点在两个方向上的位移量。观测时一般采用光电测距仪或全站仪测量边长。

四、裂缝观测

当工程建筑物出现裂缝时,除了要增加沉降观测的次数外,还应立即进行裂缝观测。通过测定裂缝的位置、走向、长度和宽度的变化,以掌握裂缝发展趋势,并据此分析产生裂缝的原因及对工程建筑物的正常影响,以便采取有效措施予以处理,确保工程建筑物的安全。

观测时,应先在裂缝两侧各设置一固定观测标志,通过定期观测,可求得两标志间相对位置变化,从而真实地反映裂缝发展变化情况。具体方法是:用两块大小不同的白铁皮固定在裂缝的两侧,使内外两块白铁皮的边缘互相平行。标志固定好后,用工具在其上做一划痕,并注明日期和裂缝编号。当裂缝扩展时,两标志被拉开,两直线划痕间的距离,即为该裂缝的扩展宽度,如图6-5所示。

最简单的裂缝观测标志,是用红油漆涂成"■■"形或"◀▶",两个标志分别位于裂缝的两侧,连线应大致垂直于裂缝的走向。一般情况下,可用带有毫米分划的直尺直接量取两标志间的距离。

五、倾斜观测

测定工程建筑物倾斜度随时间而变化的工作叫倾斜观测。建筑物产生倾斜的原因主要是地基承载力的不均匀、建筑物体型复杂形成不同荷载及受外力风荷载、地震等影响引起建筑物基础的不均匀沉降。倾斜观测一般是用水准仪、经纬仪、垂球或其他专用仪器来测量建筑物的倾斜度 i。

1. 水准仪观测法

建筑物的基础倾斜观测一般采用精密水准测量的方法,定期测出基础两端点的沉降量差值 Δh,如图6-6所示,在根据两点间的距离 L,即可计算出基础的倾斜度:

$$i = \tan\alpha = \frac{\Delta h}{L} \tag{6-5}$$

对整体刚度较好的建筑物的倾斜观测,亦可采用基础沉降量差值,推算主体偏移值。如图6-7所示,用精密水准测量测定建筑物基础两端点的沉降量差值 Δh,再在根据建筑物的宽度 L 和高度 H,推算出该建筑物主体的偏移值 δ,即:

$$\delta = i \cdot H = \frac{\Delta h}{L} H \tag{6-6}$$

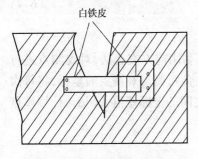
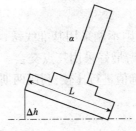
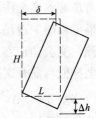

图6-5 裂缝观测标志　　图6-6 一般基础倾斜观测　　图6-7 整体刚度较好的建筑物基础倾斜观测

2. 经纬仪观测法

对于高耸的工程建筑物,广泛采用纵横距投影法和角度前方交会法。

1) 纵横距投影法

建筑物主体的倾斜观测,应测定建筑物顶部观测点相对于底部观测点的偏移值,再根据建筑物的高度,计算建筑物主体的倾斜度,即式(6-5)。具体观测方法如下:

(1) 将经纬仪安置在固定测站上,该测站到建筑物的距离为建筑物高度的1.5倍以上。

瞄准建筑物 X 墙面上部的观测点 M，用盘左、盘右分中投点法，定出下部的观测点 N。用同样的方法，在与 X 墙面垂直的 Y 墙面上定出上观测点 P 和下观测点 Q。M、N 和 P、Q 即为所设观测标志。

（2）相隔一段时间后，在原固定测站上，安置经纬仪，分别瞄准上观测点 M 和 P，用盘左、盘右分中投点法，得到 N' 和 Q'。如果，N 与 N'、Q 与 Q' 不重合，说明建筑物发生了倾斜，如图 6-8 所示。

（3）用尺子，量出在 X、Y 墙面的偏移值 ΔX、ΔY，然后用矢量相加的方法，计算出该建筑物的总偏移值 ΔD，即：

$$\Delta D = \sqrt{\Delta X^2 + \Delta Y^2} \tag{6-7}$$

根据总偏移值 ΔD 和建筑物的高度 H 用公式(6-5)即可计算出其倾斜度 i。

另外，亦可采用激光铅垂仪或悬吊锤球的方法，直接测定建(构)筑物的倾斜量。

2）角度前方交会法

用前方交会法测量工程建筑物上下两处水平截面中心的坐标，从而推算出建筑物在两个坐标轴方向的倾斜值，此法常用于水塔、烟囱等高耸构筑物的倾斜观测，如图 6-9 所示。

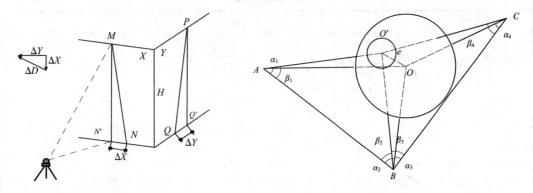

图 6-8　一般建筑物的倾斜观测　　　　图 6-9　角度前方交会法测倾斜位移

首先在圆形建筑物周围标定 A、B、C 三个基准点，观测其间的转角和边长，可求得三个基准点在此坐标系中的坐标，然后分别在 A、B、C 三个基准点上架设仪器，观测圆形建筑物底部两侧切线与基准线间的夹角，并取两侧观测值的平均值，则可得三个测站上底部圆心 O 方向与基准线间的水平角，即 α_1、α_2、α_3、α_4。同理，观测圆形建筑物的顶部，可得三个测站上顶部圆心 O' 方向线与基准线间的水平角，设为 β_1、β_2、β_3、β_4。按角度前方交会原理，可算得圆形建筑物底部圆心 O 和顶部圆心 O' 在此坐标系中的坐标，设为 $O(x_o, y_o)$ 和 $O'(x'_o, y'_o)$，则偏距 e 可计算为：

$$e = \sqrt{(x'_o - x_o)^2 + (y'_o - y_o)^2} \tag{6-8}$$

建筑物的倾斜度：

$$i = \tan\alpha = \frac{e}{h} \tag{6-9}$$

第三节　建筑物变形观测成果资料

变形观测成果的整理和分析是建立在比较多期重复观测结果基础之上的，对各期观测结果进行比较,可以对变形随时间的发展情况作出定性的认识和定量的分析。其成果是检验工程质量的重要资料,据此研究变形的原因和规律,以改进设计理论和施工方法。

每次观测结束,应及时整理观测资料,资料整理的主要内容有:收集工程资料(如工程概况、观测资料及有关文件);检查收集的资料是否齐全、审核数据是否有误或精度是否符合要求,检查平时分析的结论意见是否合理;将审核过的数据资料分类填入成果统计表,绘制曲线图;编写整理观测情况、观测成果分析说明。

本文以高层建筑物沉降观测为例说明观测资料整理的过程。

一、沉降观测资料的整理

(1)校核各项原始记录,检查各次变形观测值的计算是否有误。

(2)计算沉降量,把各次观测点的高程、沉降量、累计沉降量列入沉降观测成果表中,如表6-1所示。

沉降观测成果　　　　　　　　表6-1

观测日期	荷载 (10^4 Pa)	观测点								
		1			2			3		
		高程 (m)	本次沉降 (mm)	累计沉降 (mm)	高程 (m)	本次沉降 (mm)	累计沉降 (mm)	高程 (m)	本次沉降 (mm)	累计沉降 (mm)
2001.4.5	4	30.125	0	0	30.246	0	0	30.217	0	0
2001.4.13	5.5	30.123	2	2	30.243	3	3	30.215	2	2
2001.4.21	7.5	30.120	3	5	30.239	4	7	30.212	4	6
2001.4.27	10	30.127	3	8	30.235	4	12	30.219	2	8
2001.5.5	12	30.123	4	12	30.232	3	14	30.207	2	10
2001.5.12	14	30.120	3	15	30.228	4	18	30.205	2	12
2001.5.20	16	30.108	2	17	30.226	2	20	30.202	3	15
2001.5.26	18	30.106	2	19	30.223	3	23	30.200	2	17
2001.6.2	19	30.105	1	20	30.220	3	26	30.199	1	18
2001.6.12	20	30.104	1	21	30.218	2	28	30.197	2	20
2001.6.30	21	30.102	2	23	30.217	1	29	30.196	1	21
2001.7.30	22	30.101	1	24	30.216	1	30	30.195	1	22
2001.9.30	22	30.100	1	25	30.216	0	30	30.194	1	23
2001.12.28	22	30.099	1	26	30.215	1	31	30.194	0	23
2002.3.25	22	30.099	0	26	30.215	0	31	30.194	0	23

(3)为了更清楚地表示出沉降、荷载和时间三者之间的关系,可画出各观测点的荷载、沉降量、观测时间关系曲线图,如图6-10所示。

二、沉降观测资料的分析

观测资料的分析是根据工程建筑物的设计理论,施工经验和有关的基本理论和专业知识进行的。分析成果资料可指导施工和运行,同时也是进行科学研究、验证和提高设计理论和施工技术的基本资料。观测资料的分析常用的方法有:作图分析、统计分析、对比分析、建模分析等。

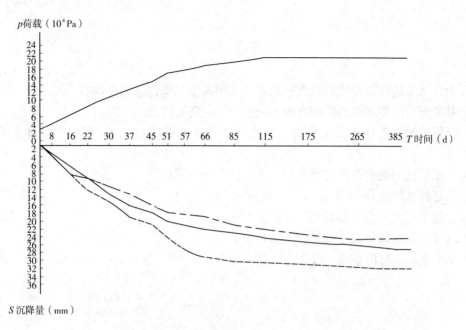

图 6-10 工程建筑物沉降、荷载、时间关系曲线图

三、提交成果资料

每项变形观测结束后,应提交下述综合成果资料:
(1)变形观测技术设计书及施测方案。
(2)变形观测控制网及控制点平面布置图。
(3)观测点埋设位置图。
(4)仪器的检校资料。
(5)原始观测记录。
(6)变形观测成果表。
(7)各种变形关系曲线图。
(8)编写变形观测分析报告及质量评定资料。

本 章 小 结

1. 变形观测主要内容包括工程建筑物沉降观测、水平位移观测、倾斜观测、裂缝观测等。
2. 变形测量点可分为:变形观测点、基准点、工作基点。
3. 对工作基点的检核采用的方法是将基准点及工作基点组成水准网或边角网,定期进行重复高程或平面位置测量。
4. 观测方法主要有精密水准测量方法和液体静力水准测量的方法进行观测。
5. 水平位移观测的方法主要有视准线法、测小角法、角度前方交会法和导线法。
6. 倾斜观测的方法主要有水准仪沉降观测法、纵横距投影法和角度前方交会法。
7. 变形观测资料的整编主要是检查观测资料,填绘成果表、曲线图,进行资料分析。

思考题与习题

1. 为什么要进行工程建筑物变形观测？变形观测主要包括哪些内容？
2. 基准点与工作基点的作用有何不同？应如何布置埋设？
3. 沉降观测的工作步骤是什么？每次观测为什么要保持仪器、观测人员和水准路线不变？
4. 水平位移的观测方法有哪几种？适合什么条件下使用？
5. 简述视准线法、测小角法和前方交会法的基本原理。
6. 试述工程建筑物倾斜观测的方法。
7. 试述工程建筑物裂缝的观测方法。
8. 变形观测资料的整理和分析的主要内容包括哪些？

第七章 线路工程测量

本章知识要点：

本章内容主要包括：通过学习，理解道路、管道和桥梁工程在施工阶段测量工作的主要内容和方法；了解施工阶段测量工作的特点；掌握道路、管道和桥梁工程施工阶段测量工作的方法步骤。本章的重点是路基边桩与边坡测设、竖曲线测设、开槽管道施工测量、桥梁施工控制测量和直线桥梁墩台中心定位及纵横轴线的测设方法；本章的难点是倾斜地面路基边桩测设、顶管施工测量、桥梁施工控制测量、跨河水准测量和曲线桥墩台中心定位及纵横轴线测设。

第一节 道路工程施工测量

道路根据平面线形的不同，分为直线段和平曲线。平曲线位于直线段转向处，包括圆曲线和缓和曲线段两种。圆曲线是一段圆弧，即具有一定半径圆的一部分；缓和曲线的曲率半径由无穷大逐渐变化为圆曲线半径，其位于直线段和圆曲线段之间。交点(JD)是路线改变方向时，相邻两直线段延长后相交的点；当相邻两交点不通视或直线段较长，在直线段或其延长线上测设一定数量的点，起到传递方向的作用，称为转点(ZD)；圆曲线的主要点位包括其起点(ZY)、中点(QZ)和终点(YZ)，如图7-1所示；对于带有缓和曲线的平曲线，其主要点位包括起点(ZH)、中点(QZ)、终点(HZ)及圆曲线与缓和曲线的交点圆缓点(YH)和缓圆点(HY)，如图7-2所示。

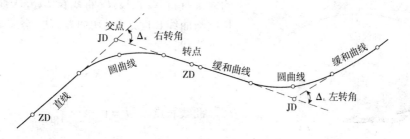

图7-1 道路平面线形

在勘测设计阶段，通常采用两阶段勘测，即初测和定测。初测是依据上级已批准的计划和基本确定的各路线方案，在指定范围内进行平面控制和高程控制，测绘带状地形图与纵横断面图，收集水文、地质等相关资料，为纸上定线，确定比较方案等初步设计提供依据；定测是根据具体确定的路线方案，现场标定路线，进行中线测量、纵横断面测量和局部大比例尺地形图测绘，为道路纵坡设计及工程量计算提供详细资料。

道路工程施工主要包括路基、路面、桥涵、道路排水及其他附属构造物施工等。道路工程施工测量是使用测量仪器和设备,根据设计图纸中各项元素(路线平纵横元素)和已知控制点(路线控制桩),将道路中线位置、道路用地界桩、路堤坡脚、路堑坡顶及边沟等附属物位置在实地标定,作为施工的依据。施工测量随着施工的进展,不同阶段反复进行,贯穿施工过程始终。道路工程施工测量的主要任务包括道路中线恢复、测设施工控制桩、路基施工测量、路面施工测量、竖曲线的测设与涵洞施工测量等。

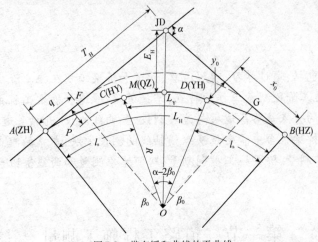

图 7-2 带有缓和曲线的平曲线

一、道路中桩坐标计算

目前道路施工放样最常用的方法是根据坐标放样。在进行放样前需先根据设计的交点坐标、里程桩号、曲线半径、交点偏角等计算道路中桩坐标。

1. 圆曲线主点里程的计算

1) 圆曲线元素的计算

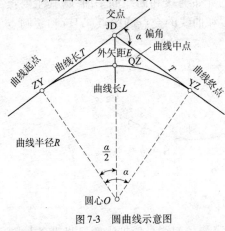

图 7-3 圆曲线示意图

如图 7-3 所示,已知数据为路线中线交点(JD)的偏角为 α 和圆曲线的半径为 R,要计算的圆曲线的元素有:切线长度 T、曲线长 L、外矢距 E 和切线长度与曲线长度之差(切曲差)D。各元素可以按照以下公式计算:

切线长度 $\quad T = R \cdot \tan \dfrac{\alpha}{2}$ (7-1)

曲线长度 $\quad L = R \cdot \alpha \cdot \dfrac{\pi}{180°}$ (7-2)

外矢距 $\quad E = \dfrac{R}{\cos \dfrac{\alpha}{2}} - R = R\left(\sec \dfrac{\alpha}{2} - 1\right)$ (7-3)

切曲差 $\quad D = 2T - L$ (7-4)

2) 圆曲线主点里程的计算

曲线上各点的里程都是从一已知里程的点开始沿曲线主点推算的。一般已知交点 JD 的里程,它是从前一直线段推算而得,然后再由交点的里程推算其他各主点的里程。由于路线中线不经过交点,所以圆曲线的终点、中点的里程必须从圆曲线起点的里程沿着曲线长度推算。根据交点的里程和曲线测设元素,就能够计算出各主点的里程,如图7-3所示。

$$ZY_{里程} = JD_{里程} - T$$

$$YZ_{里程} = ZY_{里程} + L$$

$$QZ_{里程} = YZ_{里程} - \frac{L}{2} \qquad (7\text{-}5)$$

$$JD_{里程} = QZ_{里程} + \frac{D}{2} \text{(校核)}$$

2. 带缓和曲线的平曲线主点里程计算

1)缓和曲线的常数计算

如图7-4所示,缓和曲线的常数包括缓和曲线的倾角 β_0、圆曲线的内移值 p 和切线增长值 q,根据设计部门确定的缓和曲线长度 l_0 和圆曲线半径 R,其计算公式如下:

$$\beta_0 = \frac{l_0}{2R} \cdot \frac{180°}{\pi} = \frac{l_0}{2R} \rho''$$

$$p = \frac{l_0^{\,2}}{24R} - \frac{l_0^{\,4}}{2\,688R^3} \approx \frac{l_0^{\,2}}{24R} \qquad (7\text{-}6)$$

$$q = \frac{l_0}{2} - \frac{l_0^{\,3}}{240R^2} \approx \frac{l_0}{2}$$

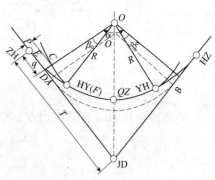

图7-4 设置缓和曲线的圆曲线

2)曲线要素计算

有缓和曲线的圆曲线要素计算,在计算出缓和曲线的倾角 β_0、圆曲线的内移值 p 和切线增长值 q 后,就可计算具有缓和曲线的圆曲线要素:

切线长度 $\qquad T = (R + p)\tan\dfrac{\alpha}{2} + q \qquad (7\text{-}7)$

曲线长度 $\qquad L = R(\alpha - 2\beta_0) \cdot \dfrac{\pi}{180°} + 2l_0 = R\alpha\dfrac{\pi}{180°} + l_0 \qquad (7\text{-}8)$

外矢距 $\qquad E = (R + p)\sec\dfrac{\alpha}{2} - R \qquad (7\text{-}9)$

切曲差 $\qquad D = 2T - L \qquad (7\text{-}10)$

3)曲线主点里程的计算

具有缓和曲线的圆曲线主点包括:直缓点 ZH、缓圆点 HY、曲中点 QZ、圆缓点 YH、缓直点 HZ。

曲线上各点的里程从一已知里程的点开始沿曲线逐点推算。一般已知 JD 的里程,它是从前一直线段推算而得,然后再从 JD 的里程推算各控制点的里程。

$$ZH_{里程} = JD_{里程} - T$$

$$HY_{里程} = ZH_{里程} + l_0$$

$$QZ_{里程} = HY_{里程} + (L/2 - l_0) \qquad (7\text{-}11)$$

$$YH_{里程} = QZ_{里程} + (L/2 - l_0)$$

$$HZ_{里程} = YH_{里程} + l_0$$

计算检核条件为:$HZ_{里程} = JD_{里程} + T - D$。

3. 道路中桩坐标计算

如图 7-5 所示,交点坐标(X_{JD}、Y_{JD})已知,先根据坐标反算求解路线相邻交点连线的坐标方位角 A 和距离 S。由圆曲线半径 R 和缓和曲线长 L_s,结合各中桩里程桩号,求解各中桩坐标(X,Y)。

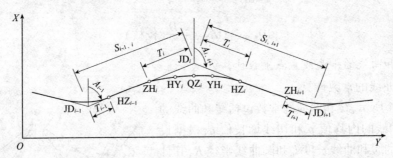

图 7-5 中桩坐标计算

1) 直线段中桩坐标计算

直线段是从 HZ(或路线起点)点至 ZH 点。先按式(7-12)计算 HZ 点坐标:

$$X_{HZ_{i-1}} = X_{JD_{i-1}} + T_{i-1}\cos A_{i-1,i}$$
$$Y_{HZ_{i-1}} = Y_{JD_{i-1}} + T_{i-1}\sin A_{i-1,i}$$
(7-12)

式中:X_{JDi-1}、Y_{Di-1}——JD_{i-1} 的坐标;

T_{i-1}——JD_{i-1} 处的切线长;

$A_{i-1,i}$——JD_{i-1} 至 JD_i 的坐标方位角。

再按式(7-12)计算直线段上其他中桩点坐标:

$$X_i = X_{HZ_{i-1}} + D_i\cos A_{i-1,i}$$
$$Y_i = Y_{HZ_{i-1}} + D_i\sin A_{i-1,i}$$
(7-13)

式中:X_i、Y_i——i 号中桩点坐标;

D_i——i 号中桩点至 HZ_{i-1} 的距离。

2) ZH 点至 HZ 点中桩坐标计算

该段包括缓和曲线和圆曲线,先计算出曲线段上中桩点的切线支距坐标(x,y),再通过平面直角坐标转换公式转换为测量坐标系坐标(X,Y)。

(1) 切线支距法坐标。

以缓和曲线起点 ZH 或终点 HZ 为坐标原点,以切线为 x 轴,过原点的半径为 y 轴,则缓和曲线上各点切线支距坐标计算公式为:

$$x_i = l_i - \frac{l_i^5}{40R^2 l_s^2}$$
$$y_i = \frac{l_i^3}{6Rl_s}$$
(7-14)

式中:l_i——缓和曲线上某点到 ZH(HZ)点的曲线长;

l_s——缓和曲线长。

圆曲线上各点切线支距坐标计算公式为:

$$x_i = R\sin\varphi_i + q$$
$$y_i = R(1 - \cos\varphi_i) + p$$
(7-15)

$$\varphi_i = \frac{l_i - l_s}{R} \cdot \frac{180°}{\pi} + \beta_0 \tag{7-16}$$

式中：R——圆曲线半径；

p、q、β_0——前述的缓和曲线常数；

l_i——该点至 ZH 或 HZ 的曲线长。

(2) 坐标转换。

根据平面直角坐标系的坐标转换，位于 ZH 点至 YH 点之间缓和曲线和圆曲线的中桩坐标计算公式为：

$$\begin{aligned} X_i &= X_{ZHi} + x_i \cos A_{i-1,i} - y_i \sin A_{i-1,i} \\ Y_i &= Y_{ZHi} + x_i \sin A_{i-1,i} + y_i \cos A_{i-1,i} \end{aligned} \tag{7-17}$$

位于 YH 点至 HZ 点之间的缓和曲线中桩坐标计算公式为：

$$\begin{aligned} X_i &= X_{HZi} - x_i \cos A_{i,i+1} - y_i \sin A_{i,i+1} \\ Y_i &= Y_{HZi} - x_i \sin A_{i,i+1} + y_i \cos A_{i,i+1} \end{aligned} \tag{7-18}$$

式中：$A_{i,i+1}$——JD_i 至 JD_{i+1} 的坐标方位角。

运用式(7-17)、式(7-18)计算时，此公式为曲线右转角时推导，当曲线为左转角时，应以 $y_i = -y_i$ 带入。

3) ZY 点至 YZ 点中桩坐标计算

当曲线无缓和曲线段，只有圆曲线部分时，如图 7-3 所示，先计算圆曲线上中桩点的切线支距坐标 (x,y)，再通过平面直角坐标转换公式转换为测量坐标系坐标 (X,Y)。

(1) 切线支距法坐标。

以圆曲线起点 ZY 为坐标原点，以切线为 x 轴，过原点的半径为 y 轴，则圆曲线上各点切线支距坐标计算公式为：

$$\begin{aligned} x_i &= R \sin \varphi_i \\ y_i &= R(1 - \cos \varphi_i) \\ \varphi_i &= \frac{l_i}{R} \times \frac{180°}{\pi} \end{aligned} \tag{7-19}$$

(2) 坐标转换。

根据平面直角坐标系的坐标转换，位于 ZY 点至 YZ 点之间圆曲线的中桩坐标计算公式为：

$$\begin{aligned} X_i &= X_{ZYi} + x_i \cos A_{i-1,i} - y_i \sin A_{i-1,i} \\ Y_i &= Y_{ZYi} + x_i \sin A_{i-1,i} + y_i \cos A_{i-1,i} \end{aligned} \tag{7-20}$$

运用式(7-20)计算时，此公式为曲线右转角时推导，当曲线为左转角时，应以 $y_i = -y_i$ 带入。

二、道路中线恢复

1. 准备工作

工程设计图纸是确定控制点与工程构造物特征点几何关系的主要依据；施工技术与测量规范、规程等是检核放样成果精度的依据。测量人员在恢复中线前，应熟悉设计图纸，领会设计意图对测量精度的要求，核对设计对象主要尺寸、位置等有无错误；勘察施工现场，确定各交点桩、转点桩等路线控制桩和水准点的位置。调查移动、丢失情况,拟定解决方案;了解工程施工组织计划,协调测量与施工进度的关系,合理安排施工放样工作。

2. 控制点复测

控制点复测包括导线点和路线控制桩的复测。路线勘测设计完成以后,往往需经过一段时间才能施工。在此期间内,导线点或路线控制桩位置和精度可能发生变化,需对其进行复测;由于人为或其他原因,导线点或路线控制桩丢失、被破坏,应进行补测;在路基范围以内的导线点,应将其移至路基范围以外。

(1) 导线点复测、补测和移位。

① 导线点复测。

导线点复测的任务主要是检查其坐标和高程的正确性。首先根据导线点的坐标反算转角(左角)β_i 和各导线边长 D_i,再现场观测各转角 β_i' 和导线边长 D_i',若观测值和计算值误差在容许误差范围内,即满足式(7-21),可认为导线点的平面坐标和位置正确。

$$\begin{array}{c} |\beta_i - \beta_i'| \leq 16'' \\ \left|\dfrac{D_i - D_i'}{D_i}\right| \leq \dfrac{1}{15\ 000} \end{array} \tag{7-21}$$

水准点高程按水准测量的方法进行检核,并尽量与国家水准点闭合。高速公路和一级公路采用四等水准测量,二级及其以下公路采用五等水准测量。为满足施工需要,在人工构造物附近、高填深挖、工程量集中及地形复杂地段按精度要求加密一定数量的水准点,并与相邻路段水准点闭合。

注意,在导线点复测时,不仅检查本标段的点,还应对前后相邻标段的点检核,否则可能在标段衔接处出现道路中线错位或断高。故导线复测时,必须和相邻标段导线闭合。

② 导线点补测和移位。

导线点的补测可采用前方交会、支点等方法或采用全站仪任意测站法。补测的导线点原则上应在原导线点附近,尽量将点位选在路线的一侧、地势较高处,以避免路基填土达到一定高度时影响导线点之间的通视。若连续丢失数点,则用导线测量的方法补测。将路基范围内的导线点移至路基范围以外,可根据移点的数量采用交会法或导线测量的方法,并用"骑马桩"加以保护。导线点的高程用水准测量或三角高程测量测定。

施工期间一般每隔半年复测导线点和水准点。季节冻融地区,在冻融以后也应进行复测。导线点丢失后应及时补上,并对导线点(尤其是原始点)做好保护。

(2) 路线控制桩复测。

路线控制桩复测的目的是检查其平面位置是否正确。若路线控制桩是由导线点坐标放样的,可根据放样的原始资料进行检核,按导线点复测的方法处理;若路线两旁没有布设导线点,在直线段用普通钢尺量距来复测路线控制桩是否正确,在曲线段按常规的偏角法来复测桩位。复测合格后,应及时保护桩位。

3. 中线恢复

路线勘测结束后,通常部分中桩被破坏或丢失,为确保施工的准确和效率,在施工前应根据设计文件,复核中线并恢复已被破坏或丢失的桩位。根据需要进行曲线测设,标定涵洞、挡土墙等构造物位置。改线地段应重新定线并测绘纵横断面图。中线恢复的方法与中线测量方法相同,在此不作叙述。

三、施工控制桩测设

道路施工过程中必须将已测设中桩挖掉或掩埋,为了能在施工中迅速有效恢复中桩位置,在路基开挖线范围外 2～5m,不受施工干扰、便于引测和保存桩位的位置测设施工控制桩。

1. 平行线法

在地势平坦、直线段较长路段,测设两排与道路中线平行的施工控制桩,如图 7-6 所示。

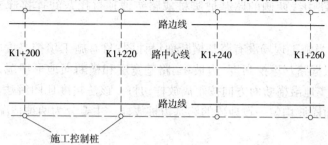

图 7-6　平行线法

2. 延长线法

在地势起伏大、直线段较短的路段,沿道路转折处的中线延长线方向或曲线中点与交点连线的延长线方向,至少测设两个控制交点位置的施工控制桩并测量其与交点之间的水平距离,如图 7-7 所示。

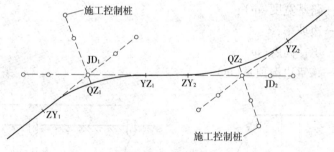

图 7-7　延长线法

四、路基施工测量

路基是根据路线位置,用土或石料按照一定技术要求修筑的作为路面基础的带状构造物。典型路基形式分为路堤、路堑和半填半挖三种。填方路基称为路堤,挖方路基称为路堑,如图 7-8 所示。

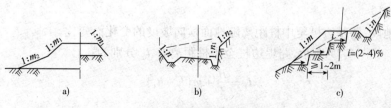

图 7-8　典型路基形式
a)路堤;b)路堑;c)半填半挖

1. 路基边桩测设

路基边桩的测设是在实地将路堤(或路堑)边坡与自然地面的交点放样出来并用桩位标定,作为路基施工的依据。边桩的位置由横断面方向、两侧边桩至中桩的距离来确定,测设方法常要是图解法和解析法。也可通过计算边桩点坐标,采用坐标放样,在此不作叙述。

(1)图解法。对于较低等级公路填挖方不大时,采用此法较为方便。该法的主要依据是路基横断面图,即根据已戴好"帽子"的横断面图放样边桩。直接在横断面图上量取中桩至边桩的距离,然后在实地用钢尺沿横断面方向丈量距离并标定边桩。每个横断面对应边桩测设后,再分别将路中线两侧的路基坡脚桩或路堑坡顶桩用灰线连接起来,即为路基填挖边界。

(2)解析法。当施工现场没有路基横断面设计图,只有施工填挖高度时,可用解析法测设路基边桩。即根据路基填挖高度、边坡率、路基宽度和横断面地形情况,先计算出中桩至边桩的距离,再在实地沿横断面方向按距离放样边桩。该法精度比图解法高,适用于一般公路平坦地区或地面横坡均匀一致地段的路基边桩放样。主要分为两种情况:

①平坦地段。

a.路堤。如图7-9所示,路堤边桩至中桩距离 l 为:

$$l = \frac{B}{2} + m \cdot h \tag{7-22}$$

b.路堑。如图7-10所示,路堑边桩至中桩距离 l 为:

$$l = \frac{B}{2} + S + m \cdot h \tag{7-23}$$

上述两式中:B——路基宽度(m);

m——边坡率;

h——填挖高度(m);

S——路堑边沟顶宽(m)。

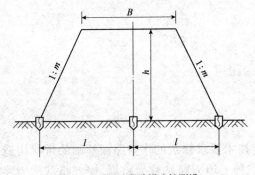

图7-9 平坦地段路堤边桩测设

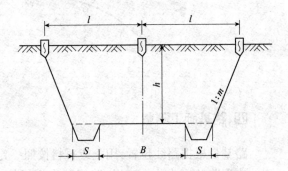

图7-10 平坦地段路堑边桩测设

②倾斜地段。

在倾斜地段,路基边桩至中桩距离随地面横向坡度的变化而变化。

a.路堤。如图7-11所示,路堤边桩至中桩距离 l_1、l_2 分别为:

$$l_1 = \frac{B}{2} + m(h - h_1)$$

$$l_2 = \frac{B}{2} + m(h + h_2) \tag{7-24}$$

b. 路堑。如图7-12所示,路堑边桩至中桩距离 l_1、l_2 分别为:

$$l_1 = \frac{B}{2} + S + m(h + h_1)$$

$$l_2 = \frac{B}{2} + S + m(h - h_2) \tag{7-25}$$

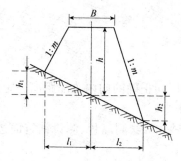

图7-11 倾斜地段路堤边桩测设

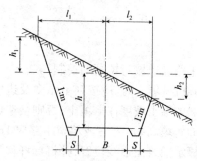

图7-12 倾斜地段路堑边桩测设

式中,h 为中桩处填挖高度,h_1、h_2 分别为路基上、下两侧坡脚(或坡顶)至中桩的高差。因为边桩位置未定,故 h_1、h_2 均为未知数,所以不能计算出路基边桩至中桩的距离 l_1、l_2。在实际工作中根据现场情况,结合路基横断面图,估计边桩位置,测出估计位置至中桩的实际距离和高差并代入上述式中,若等式成立或在容许误差范围内,则估计位置与实际位置相符,即为边桩位置;否则根据实测资料重新估计边桩位置,反复试探,直至满足要求,称为逐渐趋近法,其特点是边测边算。

2.路基边坡测设

为保证按设计要求填、挖边坡,边桩测设完毕后,还应在实地标定设计边坡,指导施工。

(1)竹杆、绳索边坡测设。

若路堤填土高度在3m以内时,可使用竹竿、长木桩或木板标记填土高度,再用细线拉起,构成路堤外部轮廓,如图7-13所示;当路堤填筑高度较高,可分层填土、逐层拉线测设边坡,该法主要适用于路堤边坡测设,如图7-14所示。

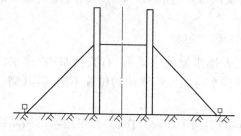

图7-13 竹杆、绳索边坡测设

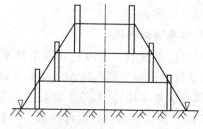

图7-14 分层挂线边坡测设

(2)边坡板边坡测设。

如图7-15所示,边坡板测设边坡分为活动边坡板测设和固定边坡板测设两种。施工前按设计边坡坡度做好边坡样板。当活动边坡板上水准气泡居中时,边坡板斜边所示坡度及为设计坡度,其既适用于路堤也适用于路堑边坡测设;固定边坡板通常设置在路堑坡顶边桩处,指导开挖和修整,其主要适用于路堑边坡测设。

(3)边坡机械化施工的质量控制。

若采用机械化施工路基边坡时,应及时控制填方超填和挖方超挖现象。

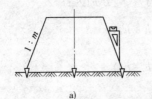 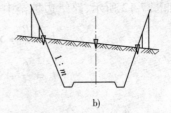

图 7-15 边坡板边坡测设
a)活动边坡板；b)固定边坡板

①路堤边坡与填高的控制。

a. 机械填土时，应按铺土厚度及边坡坡度，保持每层间正确的向内收缩距离一定。不可按自然的堆土坡度往上填土，否则会造成超填而浪费土方。

b. 每填高 1m 左右或填至距路肩 1m 时，需重新恢复中线、测高程、测设铺筑面边桩，用石灰显示铺筑面边线位置，并将标杆移至铺筑面边上。

c. 距路肩 1m 以下的边坡，常按设计宽度每侧多填 0.25m 控制；距路肩 1m 以内的边坡，按稍陡于设计坡度控制，使路基面有足够的宽度，便于整修边坡时铲除超宽的松土层后，保证路肩部分的压实度。

d. 填至路肩高程时，应将大部分地段(填高 4m 以下的路堤)设计高程进行实地检测；填高大于 4m 地段，应按土质和填高不同，考虑预留沉落量，使粗平后的路基面无缺土现象。最后测设中桩及路肩桩，抄平后计算整修工作量。

②路堑边坡及挖深的控制

路堑机械开挖过程中，一般需配合人工同时进行整修边坡工作。

a. 机械挖土时，应按每层挖土厚度及边坡坡度保持层与层之间的向内回收的宽度，防止挖伤边坡或留土过多。

b. 每挖深 1m 左右，应测设边坡、复核路基宽度，并将标杆下移至挖掘面的正确边线上。每挖 3~4m 或距路基面 20~30cm 时，应复测中线、高程、放样路基面宽度。

当路基施工高度达到设计高程以后，应检查路基中心顶面的设计高程及路基两侧边缘的设计高程。一般在路基顶面施工时就做成路面横向坡度，路基顶面的横坡与路面顶面的横坡是一致的。

3. 路基边沟测设

路基排水设施分为地表和地下排水设施。地表排水设施主要有边沟、截水沟、排水沟等；地下排水设施主要有暗沟、渗沟、渗井等。各种排水设施虽然修建的位置不同，但其测设内容和方法基本相同，本节主要叙述边沟测设方法。

(1)平面位置测设。设计图纸中一般没有明确的边沟平面设计图，只提供边沟的横断面设计图、起讫点的桩号及边沟的位置。根据路基横断面，结合边沟与路线线形、地形、天然河沟、桥涵位置等因素的协调性首先定出边沟起点断面的平面位置，再定出边沟终点断面的平面位置，然后将对应点连成线即确定其平面位置。

(2)高程测设。边沟的高程测设是根据边沟的断面形式、尺寸及边沟的位置，考虑路基横断面计算边沟各控制点的高程，按已知高程放样的方法进行，在此不再叙述。

五、路面施工测量

路面是用筑路材料铺在路基顶面，供车辆直接在其表面行驶的一层或多层的道路结构层。路面通常分为垫层、基层、面层等几个结构层。路面施工是在路基土石方施工完成后进行。在路面底基层(或垫层)施工前,首先应进行路槽放样,再进行路面放样。

路面施工测量主要包括中线恢复、高程放样和测设边线。其精度要求比路基施工放量的精度高。为保证精度和便于测量,一般在路面施工前,将路线两侧的导线点和水准点引测到路基上不易破坏的桥台或涵洞的压顶石上。引测的导线点和水准点要和高一级的导线点和水准点附合或闭合,满足一、二级导线和五等水准测量的精度要求。

1. 路槽放样

路槽是为铺筑路面,在路基上按照设计要求修筑的浅槽。分挖槽、培槽、半挖半培槽三种形式。挖槽是把路基中间的土挖除,形成路槽,将挖除的土弃掉,适用于低等级公路;培槽是在路基的两侧用土堆形成两条路肩,形成路槽,适用于高等级公路;半挖半培槽是将路槽开挖到设计深度的1/2,把挖出的土修成路肩。

路槽放样首先在已完工的路基顶面上恢复中线,每隔10m设加桩。沿各中桩横断面方向向两侧量出路槽宽度的一半 $B/2$ 得到路槽的边桩,按已知点高程的放样方法使中桩、路槽边桩的桩顶高程等于路面设计高程(考虑路面和路肩的横坡以及超高)。在路槽边桩旁边挖一个小坑并在坑中钉桩,按已知点高程放样的方法,使桩顶高程等于槽底高程,以指导路槽开挖和整修,如图7-16所示。

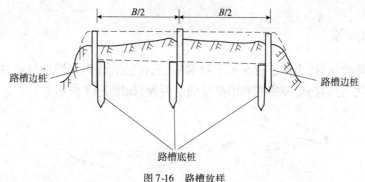

图 7-16 路槽放样

2. 路面放样

路面各结构层的放样步骤是先恢复中线,根据中线控制边线。再放样高程,控制各结构层的高程。除面层外,各结构层横坡按直线形式放样。

路面放样的内容主要包括路面边桩和路拱的放样。路面边桩放样与路基边桩放样相同,对于高等级公路,可根据计算出的边桩坐标采用坐标放样的方法放样。

路拱是为有利于路面排水,在保证车辆平稳行驶的前提下,路面做成中间高并向两侧倾斜的拱形。水泥混凝土路面或有中间带的沥青类路面,路拱按直线形横坡放样;没有中间带的沥青类路面,路拱宜采用二次抛物线形。放样时通常先把路面 b 平分10等份,根据不同的横距值 X 计算纵距 Y,即:

$$Y=\frac{X^2}{2p}=\frac{4f}{b^2}X^2 \tag{7-26}$$

$$f=\frac{b}{2}i \tag{7-27}$$

式中:X——横距;
Y——纵距;

b——路面宽度;
f——拱高;
i——路拱坡度。

再自路中心向左、右量取横距,自路中心高程水平线向下取相应纵距,即得横断面方向路面结构层的高程控制点,如图 7-17 所示。

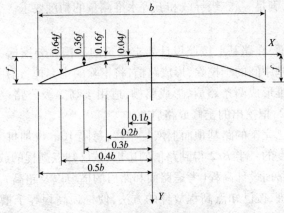

图 7-17 二次抛物线形路拱

六、竖曲线测设

在路线纵坡变化处,为保证行车的平稳和安全,在竖直面内用圆曲线衔接两段纵坡,该曲线称为竖曲线,分为凸形竖曲线和凹型竖曲线两种,如图 7-18 所示。

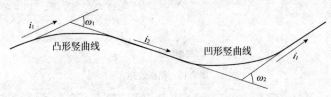

图 7-18 竖曲线

一般相邻两纵坡的坡度 i_1 和 i_2 很小,故竖曲线的坡度转向角 ω 为:

$$\omega = i_1 - i_2 \tag{7-28}$$

如图 7-19 所示,根据竖曲线的设计半径 R,可计算竖曲线测设元素为:

切线长:$T = \dfrac{1}{2} R |i_1 - i_2|$ (7-29)

曲线长:$L = R |i_1 - i_2|$ (7-30)

外距:$E = \dfrac{T^2}{2R}$ (7-31)

因为 ω 很小,则竖曲线上任一点 P 距切线的纵距(高程改正数)为:

$$y = \dfrac{x^2}{2R} \tag{7-32}$$

式中:x——竖曲线上任一点 P 至竖曲线起点

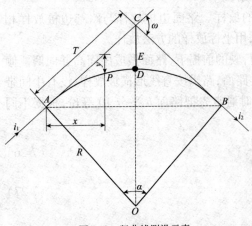

图 7-19 竖曲线测设元素

或终点的水平距离。

当竖曲线是凸形曲线时,y 为负;反之为正。该点的设计高程 H_P 为:

$$H_P = H_{坡道} \pm y \tag{7-33}$$

式中:$H_{坡道}$——该点对应切线上位置的高程。

$H_{坡道}$根据设计坡道的坡度和竖曲线起点高程计算。竖曲线上各点设计高程计算完毕后,按已知高程放样的方法进行竖曲线的放样。

例 设某凹形竖曲线相邻坡度值分别为 $i_1 = -1.114\%$,$i_2 = +0.154\%$,$R = 5\,000$m,变坡点的桩号为 K3+670,高程为 49.60m,请计算竖曲线测设元素、起点、终点的桩号和高程、曲线上每隔 10m 间距里程桩的高程改正数和设计高程。

解 根据公式求得:

$$T = \frac{1}{2}R|i_1 - i_2| = \frac{1}{2} \times 5\,000|-1.114\% - 0.154\%| = 31.7 \text{m}$$

$$L = R|i_1 - i_2| = 5\,000|-1.114\% - 0.154\%| = 63.4 \text{m}$$

$$E = \frac{T^2}{2R} = \frac{31.70^2}{2 \times 5\,000} = 0.10 \text{m}$$

竖曲线起点、终点的桩号和高程为:

起点桩号 = K3+(670 - 31.70) = K3+638.30;终点桩号 = K3+(638.30 + 63.40) = K3+701.70

起点坡道高程 = 49.60 + 31.7×1.114% = 49.95m;终点坡道高程 = 49.60 + 31.70×0.154% = 49.65m

根据竖曲线 $R = 5\,000$m 和桩距 x_i,可求得竖曲线上各桩的高程改正数 y_i,见表7-1。

竖曲线各桩高程计算(单位:m) 表7-1

桩 号	至起点、终点距离 x_i	高程改正数 y_i	坡道高程	竖曲线高程	备 注
K3+638.30			49.95	49.95	竖曲线起点
K3+650	$x_i = 11.7$	$y_i = 0.01$	49.82	49.83	$i_1 = -1.114\%$,
K3+660	$x_i = 21.7$	$y_i = 0.05$	49.71	49.76	$i_1 = -1.114\%$
K3+670	$x_i = 31.7$	$y_i = 0.10$	49.60	49.70	变坡点
K3+680	$x_i = 21.7$	$y_i = 0.05$	49.62	49.67	$i_2 = +0.154\%$
K3+690	$x_i = 11.7$	$y_i = 0.01$	49.63	49.64	$i_2 = +0.154\%$
K3+701.70			49.65	49.65	竖曲线终点

七、涵洞施工测量

涵洞是公路或铁路路基下方使水从路下流过的通道,作用与桥相同,但一般孔径较小,按形状分为管涵、箱涵及拱涵等。涵洞施工测量的主要任务是根据涵洞设计施工图确定的涵洞中心里程,先测设涵洞轴线与路线中线的交点,然后根据涵洞轴线与路线中线的交角,放出涵洞的轴线方向,再以轴线为基准,测设其他部分的位置。

1. 涵洞中心定位

涵洞中心定位的任务是测设涵洞中心桩。当涵洞位于直线型路段上时,依据涵洞中心的里程,自附近的公里桩、百米桩沿路线方向量出相应的距离,按直接丈量的方法测设,即得涵洞轴线与路线中线的交点。如果涵洞位于曲线型路段上,则用测设曲线的方法定出涵洞轴线与公路中线的交点;若附近有可以利用的导线点,根据计算的涵洞中心坐标,按坐标测设。

2. 涵洞轴线测设

涵洞根据轴线与路线方向是否垂直分为正交涵洞与斜交涵洞。

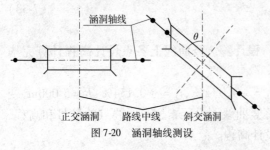

图7-20 涵洞轴线测设

如图7-20所示,正交涵洞在中心位置确定以后,可利用方向架确定其轴线方向。或将经纬仪安置在涵洞中心桩处,后视路线方向,盘左、盘右旋转90°(或270°),取其平均位置,即为涵洞轴线方向。为便于在施工过程中恢复轴线,一般在轴线方向设立护桩。斜交涵洞轴线测设时,可将经纬仪安置在涵洞中心桩处,后视路线方向,正倒镜分中法测设斜交角θ(或$180°-\theta$),即为涵洞轴线方向。

涵洞轴线应用大木在路线两侧涵洞施工范围以外标志于地面,每侧两个。从涵洞中心桩沿轴线方向测出上、下游的涵长,即可确定涵洞口位置并用小木桩标定于地面。

3. 涵洞基础测设

涵洞基础及基坑边线根据涵洞轴线设定,在基础轮廓线的每一个转折处都要用木桩标定。为了开挖基础,还应定出基坑的开挖边界线。在开挖基础时可能会有一些桩被挖掉,所以应在距基础边界线1.0~1.5m处设立龙门板,然后将基础及基坑的边界线用垂球线将其投测在龙门板上,再用小钉标出。在基坑挖好后,再根据龙门板上的标志将基础边线投放到坑底,作为砌筑基础的根据。基础建成后,应以洞轴线为依据进行管节安装或涵身砌筑过程中各个细部的放样。从而保证基础定位误差不会影响到涵身的定位。

4. 涵洞高程测设

涵洞高程测设的目的是控制洞底与上、下游的衔接,保证流水通畅。涵洞各个细部的高程,可利用附近已知水准点用水准测量方法或电磁波三角高程测量方法实施。

第二节 管道工程施工测量

管道按用途包括给水、排水、煤气、电力、电信、热力、输油、输气等。按敷设位置包括地下管道和地上管道。城镇或厂矿管道的特点是相互穿插、纵横交错。管道工程测量工作必须采用城镇或厂矿的统一坐标和高程系统,按照"从整体到局部,先控制后细部,步步有检核"的工作程序,确保测量资料和测设标志的可靠性。

管道工程的设计阶段需进行管道中线测量和纵、横断面测量等工作,将设计管道中心线在地面标定并绘制纵横断面图表示中线方向和中线两侧方向地形起伏形态。

管道工程施工阶段测量的主要任务是根据工程进度要求,为施工测设各种标志,随时掌握中线方向及高程位置。

一、准备工作

1.熟悉施工图纸和现场

施工前收集管道平面图、纵横断面图、附属构筑物图等有关资料,熟悉检核施工图纸、精度要求和现场情况。确定各主点桩、里程桩和水准点位置并检核。拟定测设方案,计算并检核相关测设数据。

2. 中线恢复和测设施工控制桩

施工前应对已经丢失或破坏的中桩进行恢复。管道开槽后，中桩会被挖掉，应在不受施工干扰、引测方便和便于保存桩位的位置测设施工控制桩，控制桩分为中线控制桩和位置控制桩两种，如图7-21所示。

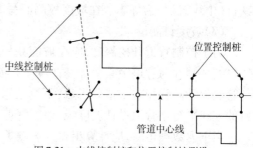

图7-21 中线控制桩和位置控制桩测设

（1）中线控制桩。中线控制桩的位置是在管道中线的延长线上标定，一般不少于2个。

（2）位置控制桩。位置控制桩的作用是控制里程桩和井位。其通常是在垂直于中线方向上左右槽口外0.5m处标定两个木桩，其与中线的距离尽量是整分米数。将两桩用小线连起，则小线与中线的交点即为构筑物中心位置。

3. 水准点加密

为便于施工中引测高程，根据工程性质和相关规范规定，按照一定精度要求在原有水准点之间每隔100~150m加密临时施工水准点。

4. 槽口放线

根据管径大小、管道设计埋深和土质情况等计算出开槽宽度，在地面上定出槽边线位置，作为开挖槽边界的依据。方法同路堑边桩放样。

二、开槽管道施工测量

开槽管道施工测量的主要工作是控制管道中线和高程。常用坡度板法和平行轴腰桩法。

1. 坡度板法

（1）设置坡度板。

坡度板包括坡度横板和坡度立板。通过设置坡度板控制管道沟槽中线和设计高程。

坡度板应根据工程进度每隔10~20m及时埋设并加以编号。在检查井、支线等构筑物处应增设坡度板。若槽深小于2.5m，应开槽前在槽口上设置坡度板，如图7-22a)所示；若槽深大于2.5m，应待挖至距槽底2.0m左右时，再在槽内埋设坡度板如图7-22b)所示。坡度板埋设应牢固，不得露出地面，其顶面应近于水平。机械开挖时，坡度板应在机械挖完土方后及时埋设。

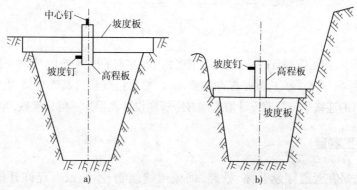

图7-22 坡度板设置

(2)中线钉测设。

坡度板埋设好后,在中线控制桩上安置仪器将管道中心线测设于坡度横板上并钉上小铁钉(中线钉)作为标志。在坡度板侧面写下里程桩号。

(3)坡度钉测设。

为了控制管道开挖深度,应在坡度立板上标出高程标志。坡度立板在各坡度横板上中线钉的一侧并与管道中心平齐。在坡度立板上钉一无头钉或扁头钉,称为坡度钉,使其高程与管底设计高程相差一整分米数(下返数),一段管道内的各破度板下返数应相同。各坡度钉的连线平行于管道设计坡度线,控制管道的坡度、高程和管槽深度。

当下返数确定后,应计算出每一坡度板向上或向下的调整量,使其与槽底高差等于下返数。调整量按式(7-34)计算:

$$调整量 = 下返数 - (H_{板顶高程} - H_{管底设计高程}) \quad (7-34)$$

当调整量为正值时,沿坡度立板向上量取;反之向下量取。如图7-23所示,预定下返数为2.5m,调正量 = 2.5 - (45.518 - 42.900) = -0.118m。

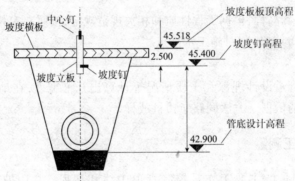

图7-23 坡道钉测设(尺寸单位:m;高程单位:m)

2.平行轴腰桩法

平行轴腰桩法主要适用于不便采用坡度板法且精度要求不高时测设施工控制标志。

在开挖槽边线以外,在管道中线一侧或两侧距离 a 处设置一排或两排平行于管道中线的轴线桩,如图7-24所示。平行轴线桩间距以15~20m为宜,在检查井处的轴线桩应与井位对应。

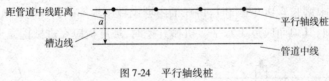

图7-24 平行轴线桩

如图7-25所示,为了控制管底高程,在距槽底约1m左右的槽沟坡上,测设一排与平行轴线桩相对应的桩,称为腰桩(水平桩),其是控制挖槽深度,修平槽底和打基础垫层的依据。在腰桩上钉一小钉,使小钉的连线平行管道设计坡度线并距管底设计高程为一整分米数,即得下返数。

三、顶管施工测量

顶管施工法是在管道穿越公路、铁路、河流或建筑物,不能或不允许开槽施工时采用。其可克服雨季和严冬对施工的影响,减轻劳动强度和改善劳动条件等。顶管施工测量的主要任务是控制顶管中线方向、高程、坡度和贯通。

1. 准备工作

先在安放顶管的两端挖好工作坑,其底部尺寸通常为一般为 4m×6m。工作坑内安装导轨(铁轨或方木),并将管材放置在导轨上,用顶镐将管材沿管线方向顶进土中,然后将管内土方挖出来。

(1)中线桩测设。中线桩的作用是工作坑放线和坡度板中心钉测设的依据。在管道中线控制桩上安置经纬仪,将管道中线引测至工作坑前后并用木桩和大铁钉标定,如图 7-26 所示。

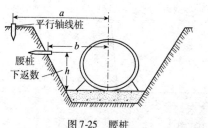
图 7-25 腰桩

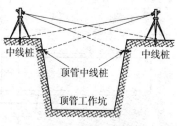
图 7-26 中线桩测设

(2)水准点加密。为按设计高程和坡度控制管道顶进,一般在工作坑内顶进起点的一侧钉设一大木桩作为临时水准点,使桩顶或桩一侧的小钉的高程与顶管起点管内底设计高程相同。

(3)安装导轨。导轨通常安装在土或混凝土基础上。基础面的高程和纵坡都应符合设计要求,中线处高程一般稍低,以便于排水和防止摩擦管壁。根据导轨宽度安装导轨,根据临时水准点检查高程,检查无误后防可固定导轨。

2. 施工测量

(1)中线测量。

对于短距离顶管,通过其两个中线桩拉一条细线,并悬细线上挂两个垂球,然后贴靠两垂球线再拉紧一水平细线,这根水平细线即标明了顶管的中线方向。为了保证中线测量的精度,两垂球间的距离尽可能远些。这时在管内前端横放一水平尺,其分划以尺的中央为零向两端增加,尺长等于或略小于管径。顶管时用水准器将尺水平。如果两垂球的方向线与木尺上的零分划线重合,说明管道中心在设计管线方向上;否则管道中心有偏差。若偏差值超过 1.5cm 时,需要校正。为了及时发现顶进时中线是否有偏差,中线测量以每顶进 0.5~1.0m 测量一次为宜,如图 7-27 所示;若用经纬仪指示管中线方向,先在管内前端水平放置一把刻有刻度并标明中心点的木尺,用经纬仪可以测出管道中心偏离中线方向的数值,依此在顶进中进行校正,如图 7-28 所示。

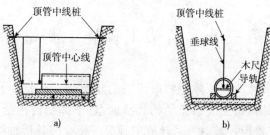
图 7-27 垂球顶管中线测量

当顶管距离超过50m时,应分段施工,可在管线上每隔100m设一工作坑,采用对顶施工过程中,其贯通误差应不超过3cm。

当顶管距离很长,可使用激光准直经纬仪、激光水准仪或管道激光指向仪定向,可沿中线方向发射一束可见激光,管道顶进中的校正更为方便。

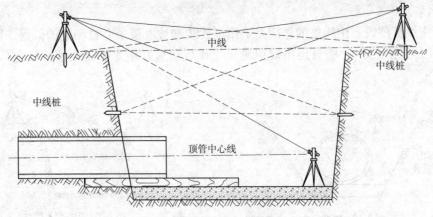

图7-28 经纬仪顶管中线测量

（2）高程测量。

将水准仪安置在工作坑内,后视临时水准点,前视顶管内待测点,在管内使用一根小于管径的标尺,即可测得待测点的高程。将测得的管底高程与管底设计高程进行比较,其差超过±1cm时,则需校正。为了工作方便,一般以工作坑内水准点为依据,按设计纵坡用比高法检验。例如,管道设计坡度为5‰,每顶进1.0m高程就应升高5mm,该点的水准尺上读数就应小5mm。

四、管道竣工测量

管道工程竣工后,应进行竣工测量。管道竣工测量的任务是测绘竣工平面图和纵断面图。

管道竣工平面图应全面反映管道及其附属构筑物的平面位置。可通过施工控制网测绘或根据已有实测详细平面图上已经测定的永久性建筑物测绘。竣工平面图的内容应包括管道的起点、转折点、终点、检查井、附属构筑物的平面位置和高程;管道与附近永久性房屋、道路、高压电线杆等重要地物的位置关系等。检查井编号、井口顶高程和管底高程、井间的距离、管径等均应标注在图纸上。

管道竣工纵断面图应在回填土之前进行测绘,全面反映管道及其附属构筑物的高程。竣工纵断面图是用水准测量方法测定管顶高程和检查井内管底高程,管底高程由管顶高程和管径、管壁厚度计算求得。用钢尺丈量井间距离。

第三节 桥梁工程施工测量

桥梁是为道路跨越天然或人工障碍物而修筑的建筑物。一般由上部结构、下部结构和附属构造物组成。上部结构指主要承重结构和桥面系;下部结构包括桥台、桥墩和基础;附属构造物则指桥头搭板、锥形护坡、护岸、导流工程等。桥梁按其桥轴线长度分为特大桥、大桥、中桥和小桥四种,见表7-2。

桥涵类型 表7-2

桥涵分类	多孔跨径总长 L(m)	单孔跨径 L_k(m)
特大桥	$L > 1\ 000$	$L_k > 150$
大桥	$100 \leq L \leq 1\ 000$	$40 \leq L_k \leq 150$
中桥	$30 < L < 100$	$20 \leq L_k < 40$
小桥	$8 \leq L \leq 30$	$5 \leq L_k < 20$
涵洞	—	$L_k < 5$

桥梁施工测量的目的是将设计桥梁的平面位置、高程和几何尺寸在现场标定指导施工。其主要内容包括复核设计单位交付的各种桩位和水准点；桥梁施工控制测量、墩台施工测量、构造物平面位置和高程放样及桥梁架设测量等。桥梁施工测量的方法根据桥梁结构和桥轴线长度而定。

一、桥梁施工控制测量

1. 施工平面控制测量

桥梁施工平面控制测量的目的是根据一定精度要求确定桥轴线的长度和测设墩、台位置，并服务于施工过程中的变形监测。桥轴线是在桥梁中线上，桥头两端所埋设的两个控制点之间的连线。桥轴线长度的精度直接影响墩、台定位的精度。若是跨越无水河道的直线小桥，桥轴线长度可直接测定，墩、台位置可直接通过桥轴线的两个控制点放样，无需建立平面控制网。当跨越有水河道水面较宽无法直接测量桥轴线长度时，需建立平面控制网。传统桥梁平面控制测量采用三角测量，目前广泛采用 GPS 平面控制测量，GPS 平面控制测量的主要特点是控制点间无需通视、精度高、可全天候自动观测和记录等。

桥梁平面控制测量的坐标系统可采用国家坐标系、抵偿坐标系。在特大型桥梁的主桥施工中，由于精度要求高，通常以桥轴线为 x 轴建立桥轴平面直角坐标系。

(1) GPS 平面控制网网形

施工平面控制网的建立应根据桥梁类型、结构、施工方法和所处地形条件特点选择布设形式和观测方法。因 GPS 同步观测不要求通视，所以其网形设计具有较大的灵活性。GPS 控制网的布设应根据 GPS 成果的质量要求，接收机类型与数量，时间与工期和后勤保障等因素综合设计并编制技术设计书。根据网的用途，通过设计明确精度指标和网的图形，主要包括测站选址、卫星选择、用户接收机设备装置和后勤保障等因素。确定网点位置和接收机台数后，进行观测时间、图形构造及每个测站点观测的次数等网的设计。

三角形网和环形网是 GPS 平面控制测量中普遍采用的两种基本图形。根据情况也可采用两种图形的混合网形。如图 7-29 所示，由独立观测边所构成的 GPS 控制网几何图形基本形式如下：

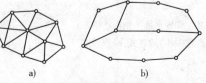

图 7-29 桥梁 GPS 平面控制网网形
a) 三角形网；b) 环形网；c) 星形网

①三角形网。GPS网中的三角形边由独立观测边组成。这种图形的几何结构强,自检能力良好,能够有效地发现观测成果的粗差,以保障网的可靠性。经平差后网中相邻点间基线向量的精度分布均匀。但是这种网形的观测工作量大,当接收机数量较少时,观测工作的总时间将大大延长。当网的精度和可靠性要求较高时采用这种网形。

②环形网。环形网是由若干个含有多条独立观测边的闭合环组成。其图形的结构强度不及三角形网,自检能力和可靠性与闭合环中所含基线边的数量有关。闭合环中的边数越多,自检能力和可靠性就越差。因此根据环形网的不同精度要求限制闭合环中所含基线边的数量。其观测工作量比三角形网要小,也具有较好的自检能力和可靠性。但由于网中非直接观测的边(或称间接边)的精度要比直接观测的基线边低,所以网中相邻点间的基线精度分布不够均匀。在实际工作中还可按照网的用途和实际情况采用附合线路,这种附合线路与附合导线相类似。附合线路两端的已知基线向量必须具有较高的精度。附合线路所含有的基线边数也应有限制。

③星形网。星形网的几何图形简单,其直接观测边之间一般不构成闭合图形,因此检核能力差。这种网形在观测中只需要两台GPS接收机,作业简单,快速静态定位和准动态定位等快速作业模式中主要采用这种网形。其广泛用于工程测量、地籍测量和地形测量等。

(2)GPS控制网布设要求

①点位要求。

a. 周围应便于接收机安置和操作,视野开阔,视场内障碍物的高度角不宜超过15°。

b. 远离大功率无线电发射源(如电视台、电台、微波站等),其距离不小于200m;远离高压输电线和微波无线电信号传送通道,其距离不得小于100m。

c. 附近不应有强烈反射卫星信号的物件;交通方便,并有利于其他测量手段扩展和联测;地面基础稳定,易于点的保存;充分利用符合要求的旧有控制点;高等级的点应选在能长期保存的地点;为利于加密和扩展,每个GPS控制点至少应有一个通视方向。

d. 测站附近的环境(地形、植被等)应尽量与周围的保持一致,减少气象元素代表性误差。

②其他要求。

a. GPS平面控制网应与附近高等级的国家控制点联测,联测点数应不少于3个且分布均匀,并能覆盖本控制网范围。当GPS控制网较长时,联测点数量应增加。

b. 同一工程项目的GPS控制网若跨多个投影带时,宜在分带交界处联测国家控制点。

c. 如图7-30所示,GPS控制网中不应出现自由基线,二、三、四等GPS控制网应采用网连式、边连式布网,一、二级GPS控制网可采用点连式布网。

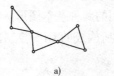

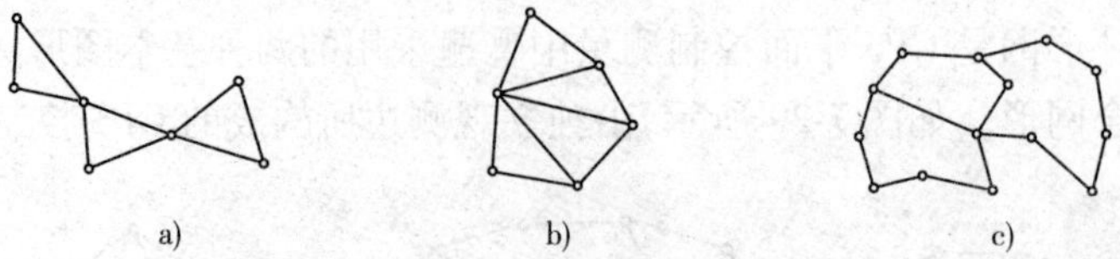

a) b) c)

图7-30 GPS平面控制网连接方式
a)点连式;b)边连式;c)网连式

(3)平面控制网技术要求

①根据《公路桥涵施工技术规范》(JTG/T F50—2011)规定,桥梁平面控制网等级选择见表7-3。

桥梁平面控制网等级 表7-3

多跨桥梁总长 L(m)	单跨桥梁跨径 L_k(m)	其他构造物	测量等级
$L \geqslant 3\,000$	$L_k \geqslant 500$	—	二等
$2\,000 \leqslant L < 3\,000$	$300 \leqslant L_k < 500$		三等
$1\,000 \leqslant L < 2\,000$	$150 \leqslant L_k < 300$	高架桥	四等
$L < 1\,000$	$L_k < 150$		一级

②根据《公路桥涵施工技术规范》(JTG/T F50—2011)规定,桥梁平面控制网的精度见表7-4。

平面控制网精度要求 表7-4

测量等级	最弱相邻点边长相对中误差	测量等级	最弱相邻点边长相对中误差
二等	1/100 000	四等	1/35 000
三等	1/70 000	一级	1/20 000

③GPS平面控制网的精度根据相邻点间弦长标准差确定,见式(7-13)。根据《工程测量规范》(GB 50026—2007)规定,GPS控制网的精度要求见表7-5,作业的主要技术要求见表7-6。

$$\sigma = \sqrt{a^2 + (bd)^2} \tag{7-35}$$

式中:σ——弦长标准差(mm);
  a——固定误差(mm);
  b——比例误差系数差(mm/km);
  d——实测距离(mm)。

GPS控制网的主要精度指标 表7-5

等级	平均边长 d(km)	固定误差 a(mm)	比例误差 b(mm/km)	约束点间的边长相对中误差	约束平差后最弱边相对中误差
二等	9.0	≤10	≤2	≤1/250 000	≤1/120 000
三等	4.5	≤10	≤5	≤1/150 000	≤1/70 000
四等	2.0	≤10	≤10	≤1/100 000	≤1/40 000
一级	1.0	≤10	≤20	≤1/40 000	≤1/20 000
二级	0.5	≤10	≤40	≤1/20 000	≤1/10 000

(4)GPS平面控制测量外业实施。

①GPS卫星可见性预报。为保证GPS外业观测的顺利进行,保障精度,提高效率,在进行GPS外业观测之前,根据GPS卫星可见性预报图表编制好外业调度计划。GPS卫星可见性预报一般利用厂家提供的商用软件获得可见性预报图表,从GPS可见性预报图表中可了解卫星的分布状况,主要包括可见卫星星号,卫星高度角,方位角及点位几何图形强度因子PDOP等。

②外业调度计划编制。根据技术设计与实地踏勘所得结果,对需测GPS点分布的情况,交通路线等因素加以综合考虑,顾及星历预报,制定合理的外业调度计划。结合相关规范,确定观测段数及每时段观测时间,在保证结果精度的基础上,尽量提高作业效率。

GPS 控制测量作业的基本技术要求　　　　　表 7-6

等　级		二　等	三　等	四　等	一　级	二　级
接收机类型		双频或单频	双频或单频	双频或单频	双频或单频	双频或单频
仪器标称精度		10mm+2ppm	10mm+5ppm	10mm+5ppm	10mm+5ppm	10mm+5ppm
观测量		载波相位	载波相位	载波相位	载波相位	载波相位
卫星高度角(°)	静态	≥15	≥15	≥15	≥15	≥15
	快速静态	—	—	—	≥15	≥15
有效观测卫星数	静态	≥5	≥5	≥4	≥4	≥4
	快速静态	—	—	—	≥5	≥5
观测时段长度（min）	静态	≥90	≥60	≥45	≥30	≥30
	快速静态	—	—	—	≥15	≥15
数据采样间隔(s)	静态	10~30	10~30	10~30	10~30	10~30
	快速静态	—	—	—	5~15	5~15
点位几何图形强度因子(PDOP)		≤6	≤6	≤6	≤8	≤8

③观测作业。GPS 平面控制通常采用静态相对定位方式。因为 GPS 接收机自动化程度高，观测员主要应做好以下几项工作：

a. 各测站的观测员应按计划规定的时间作业，确保同步观测。

b. 确保接收机存储器有足够存储空间。

c. 业前正确测量天线高。开始观测后，正确输入高度角，天线高及天线高量取方式。

d. 观测过程中应注意查看测站信息、接收到的卫星数量、卫星号、各通道信噪比、相位测量残差、实时定位的结果及其变化和存储介质记录等情况。主要注意 DOP 值的变化，如 PDOP 值偏高（一般不应高于 6），应及时与其他测站联系，适当延长观测时间。

e. 同一观测时段中，接收机不得关闭或重启；将每测段信息如实记录在 GPS 测量手簿上。

f. 进行高等级长距离 GPS 测量时，要将气象元素，如空气湿度等如实记录，每隔一小时或两小时记录一次。

2. 桥梁中轴线测量

桥梁中轴线的测定是在现场标定桥梁中轴线和定位桩（控制桩）的位置，并精确测定两定位桩之间的距离，即为桥轴线长度。小型桥梁的中轴线一般由道路中线决定。桥梁中轴线一般用 4 个（中小桥梁可只用 2 个）分别埋设于两岸牢固的定位桩标定，如图 7-31 所示。

对于小桥和涵洞中线位置的桩间距离及墩间距离，可用钢尺精密丈量或全站仪电磁波测距直接丈量。若大中桥的位置位于旱地、桥侧建有便桥、桥梁的浅滩部分或冬季河流封冻等时，其桩间距离的检查及墩台位置的放样，均应直接丈量。

若河面宽阔、常年有水、冬季不封冻，直接丈量有困难或不能保证必要的精度时，可采用间接丈量法测定桥轴线。即把桥轴线作为桥梁控制网的一个边，通过观测计算求解桥轴线的长度，如图 7-32 所示。

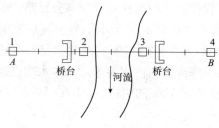

图7-31 桥梁中轴线

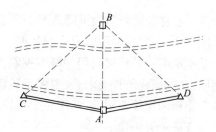

图7-32 间接丈量法

直线形桥梁中轴线可采用以上方法中任一种;曲线桥梁应根据桥梁轴线在曲线上的位置而定。根据《公路桥涵施工技术规范》(JTG/TF 50—2011)规定,桥梁中轴线测量精度要求见表7-7。

桥梁中轴线测距相对中误差 表7-7

测量等级	桥轴线相对中误差	测量等级	桥轴线相对中误差
二等	≤1/150 000	四等	≤1/60 000
三等	≤1/100 000	一级	≤1/40 000

(1)钢尺直接丈量。当所建桥梁为旱桥,或桥轴线方向地势平坦、通视且河水较浅,墩台间距在50m内时,可采用钢尺直接丈量法测量桥轴线长度。该法简便,精度可靠,是一般中小桥桥轴线测量常用方法。为了保证桥轴线长度丈量精度,应采用钢尺精密量距的方法进行。

(2)全站仪电磁波测距。全站仪电磁波测距时应在气象比较稳定,大气透明度好,附近没有电磁波信号干扰的情况下进行。观测时间的选择,应注意不要使反光镜镜面正对太阳的方向。且应在不同的时间进行往返观测。如果往返观测值之差在容许范围之内,则取往返观测值的平均值作为该边的距离观测值。根据《工程测量规范》(GB 50026—2007)规定,电磁波测距的主要技术要求见表7-8。

电磁波测距的主要技术要求 表7-8

平面控制网等级	仪器等级	每边测回数		一测回读数较差(mm)	单程各测回较差(mm)	往返较差
		往	返			
三等	5mm级仪器	3	3	≤5	≤7	≤$\sqrt{2}(a+b \cdot D)$
	10mm级仪器	4	4	≤10	≤15	
四等	5mm级仪器	2	2	≤5	≤7	
	10mm级仪器	3	3	≤10	≤15	
一级	10mm级仪器	2	—	≤10	≤15	
二、三级	10mm级仪器	1	—	≤10	≤15	—

注:1.1个测回是指照准目标1次,读数2~4次的过程。
2.根据具体情况,测边可采取不同时间段观测代替往返观测。
3.a——固定误差(mm);b——比例误差系数(mm/km);D——测距长度(km)。

3.桥梁施工高程控制测量

(1)水准点布设要求。

桥梁施工高程控制测量是在桥址附近设立一系列基本水准点和施工水准点,作为施工阶段高程放样及运营阶段沉降观测的依据。桥梁高程控制网的高程基准应与公路路线的高程基准一致，一般应采用国家高程基准。布设水准点可由国家水准点引入，经复测后使用。

基本水准点是桥梁高程的基本控制点。基本水准点是永久性的，它既要满足桥梁施工期间墩、台的高程放样要求，又要满足运营阶段墩台沉降观测的使用要求。基本水准点通常布设在正桥两岸桥头附近，每岸至少布设一个。对于长于1km的引桥，还应在引桥起、终点及其他合适位置布设。

基本水准点应与桥址附近的国家高等级水准点进行联测，以获取可靠的高程起算数据，通过跨河水准测量检核两岸国家水准点有无变动，确保两岸水准点高程的相对精度，并从中选取稳固可靠、精度较高的国家水准点作为桥梁高程控制网的高程起算点。

桥梁各墩、台一般是由两岸较为靠近的水准点引测高程。为了满足桥梁墩、台施工高程放样的要求，应在基点的基础上布设若干施工水准点。施工水准点只用于施工阶段，要尽量靠近施工地点，测量等级可略低于基本水准点。基本水准点和施工水准点都应定期检核其稳定性，以保证桥梁墩、台等施工高程放样的精度。

基本水准点和施工水准点的位置应地基稳固、使用方便、且不易破坏。根据地形条件，使用期限和精度要求，埋设不同类型的标识。如果地面覆盖层较浅，可埋设普通混凝土、钢管标识或直接设置在岩石上的岩石标识；当地面覆盖层较厚且覆盖物较疏松时，则应埋设深层标识，如管柱标识、钻孔桩标识以及基岩标识等。无论采用何种类型的标识，均应在标识上嵌入不锈蚀的铜质或不锈钢凸形标志。标识埋设后不能立即观测，经过10~15d以上的稳定期后才能进行观测。

中小桥和涵洞工程，工期短，桥型简单，精度要求低于大桥，可在桥位附近的建筑物上设立墙上水准点或者埋设大木桩作为施工辅助水准点。也可利用路线水准点，但必须复核，确保精度合格。

（2）高程控制测量等级。

根据《公路桥涵施工技术规范》（JTG/T F50—2011）规定，桥梁施工高程控制网等级选用见表7-9。

高程控制测量等级　　　　　表7-9

多跨桥梁总长 L(m)	单跨桥梁跨径 L_k(m)	其他构造物	测量等级
$L \geq 3\,000$	$L_k \geq 500$	—	二等
$1\,000 \leq L < 3\,000$	$150 \leq L_k < 500$	—	三等
$L < 1\,000$	$L_k < 150$	高架桥	四等

（3）跨河水准测量。

因为桥梁跨越水域，为保持水准测量的连续性，应采用跨河水准测量。

①跨河水准测量场地选择。

a.尽量位于桥址附近且河面最窄处；应充分利用河中有洲渚并使跨河视线最短。

b.跨河视线尽可能避开芦苇、草丛、干丘、沙滩的上方和施工密集区域，减弱大气折光的影响。

c.河两岸仪器的水平视线距水面的高度应接近相等。当跨河视线长度小于300m时，视线距水面的高度应不小于2m；视线长度在300m以上时，视线距水面的高度应不小于3m。若视线高度不能满足上述要求时，须埋设高木桩并建造牢固的观测台。

d. 两岸仪器至水边的距离应相等,地形、土质也应相似。测站位置应选在开阔、通风的地方,不能选在墙壁、石堆、山坡前。

e. 测站点若在较松软的土质上时,应设立稳固的支架,防止下沉,一般可打 3 个大木桩以支承脚架,必要时可用长木桩并建站台以提高视线。立尺点应设置木桩,木桩顶面直径应大于 10cm,长度一般应不小于 50cm,桩顶应高于地面约 10cm 以上,并钉上圆帽钉。

②跨河水准的布设形式。

因为跨河视线很长(数百米至几公里),跨河水准的前视、后视距相差很大,因此仪器 i 角误差及地球曲率和大气折光误差对高差的影响很大。为消除或减弱上述误差的影响,应将仪器与水准尺在两岸的安置点位布设成平行四边形、等腰梯形或"z"字形,如图 7-33 所示。

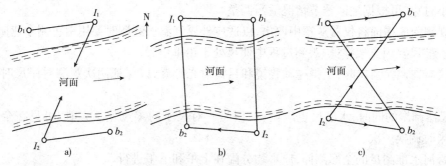

图 7-33　跨河水准测量布设形式

若使用一台仪器观测,可采用图 7-33a)形式布设。岸上视线 I_1b_1 与 I_2b_2 的长度不得短于 10m 且彼此相等。I_1、I_2 在观测中既是测站点也是立尺点,b_1、b_2 是立尺点。即在 I_1、I_2 以跨河水准分别观测 b_1、I_2 两点高差和 b_2、I_1 两点高差;在两岸以一般水准测量方法分别测出 b_2、I_2 两点高差,b_1、I_1 两点高差,则可求出 b_1、b_2 两点间高差。

若用两台仪器同时观测,可采用图 7-33b)或 c)所示布设。I_1、I_2 分别为两岸的测站点;b_1、b_2 分别为两岸的立尺点。跨河视线 I_1b_2 与 I_2b_1 的长度应尽量相等;岸上视线 I_1b_1 与 I_2b_2 的长度不得短于 10m 且彼此相等。

为了传递高程和检核立尺点的高程是否发生变化,应在距跨河地点不远于 300m 的水准路线上埋设水准点。

③跨河水准测量方法。

跨河水准测量的方法主要有水准仪倾斜螺旋法、经纬仪倾角法、光学测微法、水准仪直接读数法等几种。水准仪倾斜螺旋法和经纬仪倾角法适用于任何跨河视线长度的跨河水准测量;光学测微法适用于跨河视线长度小于 500m 的跨河水准测量;水准仪直接读数法适用于三、四等水准路线在跨越 300m 内的河流且能直接在水准尺上读数时。本节简介水准仪直接读数法。

如图 7-33a)所示,水准仪直接读数法在跨河地点一般布设成"Z"字形。首先以一般水准测量方法分别测出 b_1、I_1 两点高差,再将水准仪置于 I_1 点上,照准本岸 b_1 点近尺按读取黑、红面中丝读数各一次。然后照准对岸 I_2 点远尺,读取黑、红面中丝读数各两次,上半测回结束;立即将仪器迁至对岸,在 I_2 点上安置,并将 b_1 点和 I_2 点的水准尺分别移至 b_2 点和 I_1 点上,按上半测回观测的相反次序,即先观测对岸远尺再观测本岸近尺,最后再按一般水准测量方法测出 I_2、b_2 两点高差,下半测回结束。上下半测回构成一个测回。通常需观测两测

回求得两立尺点 b_1、b_2 间的高差。若使用两台仪器同时观测,可按图 7-33b)、c)所示布设。两台仪器在两岸同时各观测一个测回。两测回间高差不符值三等应不超过 8mm,四等应不超过 16mm。

若观测对岸远尺直接读数有困难,为提高读数精度,可在远尺上安装觇板,观测员指挥立尺员沿尺上、下移动觇板,当觇板指标线位于仪器水平视线上,读取指标线在尺上读数。

④跨河水准测量注意事项。

a.尽量在风力微弱、气温变化小的阴天观测。阴天时,只要成像清晰稳定,即可观测。风力在四级以上或风由一岸吹向另一岸时,均不宜观测。

b.晴天观测时间段宜为一小时起至当地时间 9 时 30 分,下午自当地时间 15 时起至日落前一小时止,可根据地区季节情况适当调整。

c.观测前应提前将仪器从箱中取出,以适应外界气温。观测时要用白色测伞遮阳。

d.水准尺要用支架撑稳,观测过程中使尺处于铅垂位置。

e.仪器在调换河岸时,不得碰动物镜和目镜对光螺旋,以保证两次观测对岸尺时视准轴不变。

f.仪器调岸的同时,水准尺也应调岸,但当一对尺子的零点差不大时,可只在全部测回进行一半时调换一次。

g.跨河水准测量的全部测回,应平均分配在上午和下午进行。

h.跨河水准测量前,立尺点应与水准路线上埋设的水准点进行联测。在跨河水准测量进行过程中,应检查立尺点高程有无变动。

i.跨河视线小于 300m 时采用单线过河;超过 300m 时必须双线过河,两岸等精度联测,构成跨河水准闭合环。

二、桥梁墩台施工测量

1.桥梁墩台定位测量

桥梁墩台定位是指准确地定出桥梁墩、台的中心位置和其纵横轴线的工作。桥墩水中基础一通常采用浮运法施工,目标处于浮动不稳定状态,测量仪器在上无法稳定,所以采用方向交会法定位;在已稳定的桥梁墩台基础上定位,可采用角度交会法、距离交会法、极坐标法等。

(1)直线桥墩台定位。

直线桥梁的墩、台中心一般都位于桥轴线上。其定位依据的原始资料是桥轴线控制桩的里程和墩、台中心的设计里程,根据里程算出它们之间的距离,按照这些距离即可定出墩、台中心的位置,如图 7-34 所示。

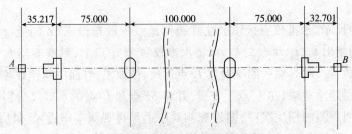

图 7-34 直线桥墩台定位原理(尺寸单位:m)

①钢尺丈量法。

若桥梁位于干涸的河道中或跨域水面较窄,地势平坦便于用钢尺量距时,可采用钢尺丈量法。丈量使用的钢尺需经过检定。根据已知水平距离测设方法,考虑尺长改正数、温度改正数及倾斜改正数,将已知距离转化为钢尺应丈量距离。

测设时从桥轴线一端控制桩开始,沿控制桩中心线依次定出每段距离,标定桥墩、台中心位置。在桥轴线另一端控制桩进行检核,保证每一桥跨的精度。特殊情况下,可从桥轴线两端向中间测设,此时桥梁中间一跨的误差容易积累,应对该跨进行检核。桥墩检核误差应不超过2cm。

②全站仪电磁波测距法。

全站仪测距具有速度快,精度高,操作方便的特点。若桥梁墩台中心处能安置反射棱镜,且全站仪和棱镜之间通视,采用该法迅速方便。

测设时全站仪安置在桥轴线控制桩上,测定当时的温度、气压输入全站仪进行气象改正。根据全站仪显示的实际距离与已知距离的差值移动棱镜,直至二者相符。若差值较小,可配合钢尺移动棱镜。墩台中心定位完毕后,与桥梁对岸控制桩进行检核。

③角度交会法。

当桥墩所处位置不便直接丈量距离或安置反射棱镜时,可采用角度交会法测设墩台中心。即根据已知控制点坐标和墩、台设计坐标反算测设元素角度值 α_i 和 β_i,交会定出墩台中心。为了提高测设精度,通常采用三个方向进行交会。第三个方向一般取桥轴线方向,确保中心位于桥轴线方向。理论上三个方向应相交于一点,因为误差的存在,三个方向不相交于一点,而形式一个三角形 $P_1P_2P_3$,称为示误三角形,如图7-35所示。墩台下部(承台、墩身)示误三角形的边长 P_1P_2、P_1P_3 不宜超过 2.5cm,墩台上部(托盘、顶

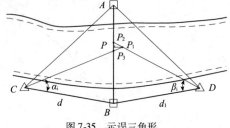

图7-35 示误三角形

帽、垫石)不宜超过 1.5cm。若交会的一个方向为桥轴线,精度合格时,则取交会点 P_1 在桥轴线方向的投影点 P 作为墩台中心;若交会方向中不含桥轴线时,示误三角形的边长不应大于 3.0cm,并以示误三角形的重心作为墩台中心。

角度交会法根据控制点的位置分为同岸交会和异岸交会两种情形。如图7-36a)所示属于同岸交会,图7-36b)属于异岸交会。

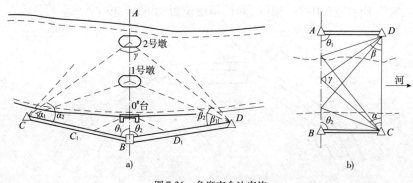

图7-36 角度交会法实施

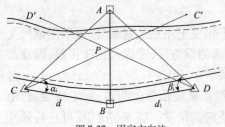

图 7-37 固定方向法

图 a)中交会角 γ 应在 $30°\sim120°$ 且 $\geq 90°$，否则设辅助点 C_1、D_1 交会靠近 B 端的墩台。图 b)中测设元素 α_i、β_i 应在 $30°\sim120°$，中间位置墩台的交会角 γ 最好在 $60°\sim90°$。

如图 7-37 所示，桥墩施工中，高度是逐渐增高，其中心的放样工作需要重复进行，且要求迅速和准确。故在第一次确定正确的桥墩中心位置 P_i 以后，将 CP_i 和 DP_i 方向线延长至对岸，用觇牌设立固定的瞄准标志 C' 和 D'。以后每次角度交会放样时，从 C、D 点直接瞄准 C'、D' 点，即可恢复桥墩中心的交会方向，称为固定方向法。

(2)曲线桥墩台定位。

曲线桥的特点是梁的中心与与线路中心不完全吻合。如图 7-38 所示，梁在曲线上的布设是使各梁的中心连接起来，形成一条与曲线桥中线基本吻合的折线。该折线称为工作线。相邻两跨梁中心线的交角 α 称为偏角；每段折线的长度 L 称为桥梁中心距。桥墩的中心位于工作线转折角的顶点上。故桥墩定位就是确定这些转折角顶点的位置。曲线桥梁的中心线两端并不位线路中线上，而是向外移动一段距离，称为偏距，其作用是车辆行驶中使梁的两端受力均匀。

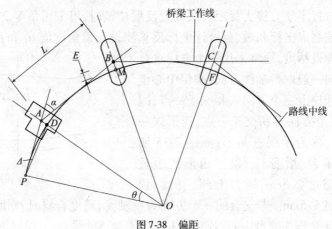

图 7-38 偏距

相邻两跨梁的端点在桥墩上不能紧靠在一起，要留有一定的空隙。曲线桥上两个梁端在曲线内侧的空隙是 $2a$，桥台上梁端内侧与桥台胸墙的空隙为 a。其大小不能小于一个限值。曲线桥墩台测设是在已知桥梁曲线半径 R、梁长 L、梁宽 K 和 a 的条件下，通过计算测设元素偏角 α、偏距 E 和墩台中心间距 L，测设桥墩位置，如图 7-39 所示。

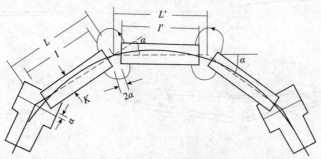

图 7-39 曲线桥测设元素

曲线桥墩台中心定位的方法与圆曲线放样方法相同,包括偏角法、支距法、极坐标法、导线法和交会法等,在此不作叙述。

目前用全站仪坐标放样法测设桥墩中心位置更为精确和方便。只需定位点能安置棱镜且与控制点通视,则仪器可安置于任何控制点上。为提高放样精度,可在两个控制点上分别放样,若两次放样的误差在容许范围内,则取均值作为放样点位。全站仪坐标放样时,可先在室内将控制点和放样点坐标存储于全站仪内存文件中,提高放样效率。

(3)墩台纵横轴线测设。

墩台纵横轴线是墩台细部放样的依据。纵轴线是垂直于线路方向的轴线;横轴线是平行于线路方向的轴线。

直线桥上各墩台的横轴线与桥梁中轴线重合,故可利用桥轴线两端控制桩来标志横轴线的方向,而不再另行测设标志桩。在测设桥墩台纵轴线时,应将经纬仪安置在墩台中心点上,盘左、盘右以桥轴线方向作为后视,然后旋转90°(或270°),取其平均位置作为纵轴线方向,因为施工过程中需在墩台上恢复纵横轴线的位置,所以应在桥轴线两侧各布设两个固定的护桩,如图7-40所示。

曲线桥墩台的纵轴线位于相邻桥跨工作线的角平分线上,而横轴线与纵轴线垂直。测设时置仪器于墩台中心桩上,后视相邻墩台中心定向后,向曲线外测设 $\alpha/2$ 角,则得到纵轴线方向;向曲线内侧测设$(90° - \alpha/2)$角,则得到横轴线方向。在纵轴线两侧各设置两个护桩,横轴线前后也各设置两个护桩,如图7-41所示。

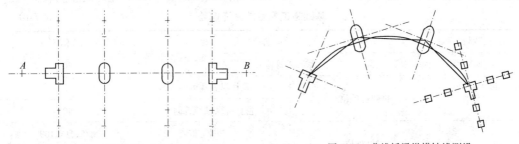

图7-40 直线桥梁纵横轴线测设　　图7-41 曲线桥梁纵横轴线测设

2. 墩台基础施工放样

桥梁基础形式有明挖基础、桩基础、沉井基础等多种。

(1)明挖基础的施工放样。

明挖基础一般在地基较好、基础不深的情况下采用。首先在基础开挖前根据基底尺寸、开挖深度、放坡情况等计算出原地面的开挖边线,再根据墩台中心及其纵横轴线放出基坑边线。基坑底部尺寸应结合实际情况较设计尺寸每边增加50~100cm,以便于支撑、排水与立模板。当基坑开挖到设计高程后,应进行基底平整或基底处理,再在基底上放样出墩台中心及其纵横轴线,作为安装模板、灌注混凝土基础及墩身的依据。

基础或承台模板中心偏离墩台中心不得大于±2cm,墩身模板中心偏离不得大于±1cm;墩台模板限差为±2cm,模板上同一高程的限差为±1cm。

在进行基础及墩身的模板放样时,可将经纬仪安置在墩台中心线的一个护桩上,瞄准另一较远的护桩定向,这时仪器的视线即为中心线方向。安装时调整模板位置,使其中点与视线重合,则模板已正确就位。当模板的高度低于地面,可用仪器在临近基坑的位置,放出中心线上的两点。在这两点上挂线,并用垂球将中线向下投测,引导模板的安装。在模板安装后,应检验模板内壁长、宽及与纵、横轴线之间的关系尺寸,以及模板内壁的垂直度等,如图 7-42 所示。基础和墩身模板的高程通常用水准测量的方法测设,当模板低于或高于地面很多,无法用水准尺直接放样时,则可用水准仪在某一适当位置先测设一高程点,然后再用钢尺垂直丈量,定出放样的高程位置。

(2)桩基础的施工放样。

如图 7-43 所示,当墩基础的中心及纵横轴线测设完后,以纵横轴线为坐标轴建立直角坐标系,根据设计提供的桩与墩中心的相对位置,用直角坐标法放出各桩的中心位置,其限差为 ±2cm。单排桩桩数较少,也可根据已知资料,按极坐标法放样。水中桩位或沉井位置的放样,可参照水中墩位的施工放样方法,在水中平台、围囹或围堰等构造中定测桩或沉井的位置。所有桩位经复测合格后方可进行基础施工。

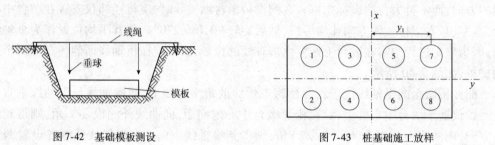

图 7-42 基础模板测设　　　　　　图 7-43 桩基础施工放样

根据《工程测量规范》(GB 50026—2007)规定,桥梁基础施工测量的允许偏差见表 7-10。

基础施工测量的允许偏差　　　表 7-10

类 别	测量内容		测量允许偏差(mm)
灌注桩	基础桩桩位		40
	排架桩桩位	顺桥纵轴线方向	20
		垂直桥纵轴线方向	40
沉桩	群桩桩位	中 间 桩	$d/5$,且 ≤ 100
		外 缘 桩	$d/10$
	排架桩桩位	顺桥纵轴线方向	16
		垂直桥纵轴线方向	20
沉 井	顶面中心、底面中心	一 般	$h/125$
		浮 式	$h/125 + 100$
垫 层	轴线位置		20
	顶面高程		$-8 \sim 0$

注:1. d 为桩径(mm)。
　　2. h 为沉井高度(mm)。

3. 墩、台高程放样

墩、台施工到一定高度后,应及时放样墩、台顶面高程,确定墩、台顶面距设计高程的差值。因为此时墩、台顶距地面已有相当高度,常规水准测量方法无法施测,需借助钢尺等工具进行施测。

桥墩或桥台较高且侧面垂直于地面时,A 为已知水准点,墩、台顶面的设计高程已知。

可采用钢尺倒挂辅助放样方法。先在图中 1 处安置水准仪,后视 A 点水准尺读数,然后前视钢尺读数。假设 A 点高程为 H_A,墩、台顶面设计高程为 $H_设$,钢尺上读数 $b = H_设 - H_A - a$,可用钢尺直接在墩、台上量出待放样高程,如图 7-44a)所示;对于放样高程位置不超过水准尺工作长度的墩、台高程放样。可将水准尺倒立,上下移动水准尺,当水准仪的前视读数恰好为 b 时,水准尺零端处即为 B 处放样点高程位置,如图 7-44b)所示。

桥墩或桥台的侧面为斜面时,先在墩、台上立一支架悬挂钢尺,钢尺下悬挂重物。先在图中 1 处安置水准仪,后视 A 点水准尺读数 a,再前视钢尺读数记录;将水准仪迁至墩台顶 2 处,后视钢尺读数记录,则 B 点水准尺读数 $b = H_A + a + h_1 - H_B$,h_1 为钢尺两次读数差的绝对值,如图 7-45 所示。

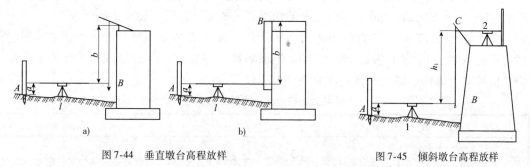

图 7-44 垂直墩台高程放样　　　　　　　　　图 7-45 倾斜墩台高程放样

桥墩砌(浇)至离帽底约 30cm 时,再测设墩台中心及纵横轴线,据此竖立顶帽模板、安装锚栓孔、安插钢筋等。在浇筑墩帽前,必须对桥墩的中线、高程、拱座斜面及其他各部分尺寸进行复核,并准确地放出墩帽的中心线。灌注墩帽至顶部时,应埋入中心标石和水准点各 1~2 个。墩帽顶面水准点应以岸上水准点测定其高程,作为安装桥梁上部结构的依据。

根据《工程测量规范》(GB 50026—2007),桥梁下部构造施工测量允许偏差见表 7-11。

桥梁下部构造施工测量允许偏差　　　　　　　　　表 7-11

类　　别	测量内容		测量允许偏差(mm)
承　台	轴线位置		6
	顶面高程		±8
墩台身	轴线位置		4
	顶面高程		±4
墩、台帽或盖梁	轴线位置		4
	支座位置		2
	支座处顶面高程	简支梁	±4
		连续梁	±2

三、桥梁架设施工测量

架梁是桥梁施工的最后一道工序。墩台施工时,对其中心点位、中线和垂直方向及墩顶高程都作了精密测定,但是以各个墩台为单位进行的。因为桥梁梁部结构较复杂,应对墩台方向、距离和高程重新用较高的精度测定,主要将相邻墩台联系起来,考虑其相关精度,要求中心点间的方向距离和高差符合设计要求,作为架梁的依据。

桥梁中心线方向测定,在直线部分采用准直法,用经纬仪正倒镜观测,标定方向线。如果跨距大于 100m,应逐墩观测左、右角。在曲线部分,则采用测定偏角的方法。

相邻桥梁中心点间距离用全站仪观测,适当调整使中心点里程与设计里程完全一致。在中心标板上刻划里程线,与已刻划的方向正交,形成墩台中心十字线。用精密水准仪测定墩台顶面高程,构成水准路线,附合到两岸基本水准点上。

大跨度钢桁架或连续梁采用悬臂或半悬臂安装架设。拼装开始前,应在横梁顶部和底部分中点做出标志。架梁时用以测量钢梁中心线与桥梁中心线的偏差值。拼装开始后,应通过不断地测量以保证钢梁始终在正确的平面位置上,高程应符合设计的大节点挠度和整跨拱度的要求。

如果梁的拼装系自两端悬臂、跨中合龙,则合龙前的测量重点应放在两端悬臂的相对关系上,如中心线方向偏差、最近节点高程差和距离差都要符合设计和施工的要求。

全桥架通后,应作一次方向、距离和高程的全面测量,其成果资料可作为钢梁整体纵、横移动和起落调整的施工依据,称为全桥贯通测量。根据《工程测量规范》(GB 50026—2007),桥梁上部构造施工测量允许偏差见表 7-12。

桥梁上部构造施工测量允许偏差　　　　表 7-12

类　　别	测量内容		测量允许偏差(mm)
梁板安装	支座中心位置	梁	2
		板	4
	梁板顶面纵向高程		±2
悬臂施工梁	轴线位置	跨径小于或等于 100m	4
		跨径大于 100m	$L/25\,000$
	顶面高程	跨径小于或等于 100m	±8
		跨径大于 100m	$±L/12\,500$
	相邻节段高差		4
主拱圈安装	轴线横向位置	跨径小于或等于 60m	4
		跨径大于 60m	$L/15\,000$
	拱圈高程	跨径小于或等于 100m	±8
		跨径大于 60m	$±L/7\,500$
腹拱安装	轴线横向位置		4
	起拱线高程		±8
	相邻块件高差		2
钢筋混凝土索塔	塔柱底水平位置		4
	倾斜度		$H/7\,500$,且≤12
	系梁高程		±4
钢梁安装	钢梁中线位置		4
	墩台处梁底高程		±4
	固定支座顺桥向位置		8

注：1. L 为跨径(mm)。
　　2. H 为索塔高度(mm)。

本 章 小 结

1. 施工测量的主要任务根据施工对象、施工工艺和施工阶段的不同,按照对应的精度要求将施工对象在施工现场标定,并在施工过程中控制施工质量。

2. 施工测量的主要特点是精度高、全过程和反复性等。

3. 道路工程施工测量主要包括道路中线恢复、测设施工控制桩、路基施工测量、路面施工测量、竖曲线的测设与涵洞施工测量等。道路施工测量的特点是层层恢复中线,逐层控制高程。

4. 管道工程施工测量主要包括准备工作、开槽管道施工测量、顶管施工测量和竣工测量等。主要任务是控制管道中心线方向和管道高程满足设计要求。通过坡度板控制开槽管道施工的中线和高程;通过悬挂垂球、经纬仪、激光经纬仪、激光水准仪或管道激光指示仪指示顶管施工中线方向。

5. 桥梁工程施工测量主要包括施工平面控制测量、施工高程控制测量、桥轴线长度测量、墩台施工测量和桥梁架设施工测量等。

6. GPS 测量是目前桥梁施工平面控制测量的主要方法。

7. 水准测量是桥梁施工高程控制测量的主要方法。由于桥梁需跨域水域,故跨河水准测量是桥梁高程控制测量的特点。

8. 直线形桥梁墩台定位主要采用钢尺直接丈量法、全站仪电磁波直接测距法或角度交会法、极坐标法等间接丈量法;曲线形桥梁的墩台中心与线路中心不完全吻合,其定位的方法与圆曲线放样方法相同,包括偏角法、支距法、极坐标法、导线法和交会法等。

9. 桥梁墩台基础的施工放样主要包括基础中心、开挖边界和高程放样。

10. 桥梁架设施工测量主要将相邻墩台联系起来,考虑其相关精度。根据上部结构位置不同,精度要求不同。

思考题与习题

1. 请简述路基边桩放样的方法和步骤。
2. 路基边桩是如何测设的?
3. 请简述路基边坡机械化施工的质量控制措施。
4. 竖曲线有几种类型? 测设元素如何计算?
5. 什么是路槽? 路槽主要分为几种? 如何进行路槽放样?
6. 管道施工测量的主要内容是什么?
7. 坡度钉如何测设? 下返数如何计算?
8. 桥梁施工平面控制测量的方法有哪些? GPS 平面控制网的网形有几种形式?
9. 跨河水准测量有几种方法? 各适用于什么场合?
10. 请分述直线形桥梁和曲线形桥梁墩台定位的方法。
11. 如何进行桥梁墩台纵横轴线测设?

参 考 文 献

[1] 武汉测绘科技大学《测量学》编写组．测量学(第三版)[M]．北京：测绘出版社，1991．
[2] 李青岳，陈永奇．工程测量学[M]．北京：测绘出版社，1995．
[3] 张正禄，等．工程测量学[M]．武汉：武汉大学出版社，2005．
[4] 王云江，赵西安．建筑工程测量[M]．北京：中国建筑工业出版社，2002．
[5] 李生平，陈伟清．建筑工程测量(第三版)[M]．武汉：武汉理工大学出版社，2008．
[6] 杨晓平．工程测量[M]．北京：中国电力出版社，2008．
[7] 李井永．建筑工程测量[M]．北京：清华大学出版社，2010．
[8] 朱爱民．工程测量[M]．北京：人民交通出版社，2007．
[9] 罗斌．道路工程测量[M]．北京：机械工业出版社，2005．
[10] 徐时涛，夏英宣．实用测量学[M]．重庆：重庆大学出版社，1990．
[11] 覃辉，李峰，赵雪云．建筑施工测量[M]．上海：同济大学出版社，2010．
[12] 邹永廉．土木工程测量[M]．北京：高等教育出版社，2004．
[13] 伊晓东，李保平．变形监测技术及应用[M]．郑州：黄河水利出版社，2007．
[14] 中华人民共和国国家标准 GB 50026—2007 工程测量规范[S]．北京：中国计划出版社，2007．
[15] 张国辉．工程测量技术实用手册[M]．北京：中国建材工业出版社，2009．
[16] 中华人民共和国行业标准 JTG/T F50—2011 公路桥涵施工技术规范[S]．北京：人民交通出版社，2011．
[17] 马书英，刘晓宁．新仪器、新方法在工程放样中的应用[J]．北京测绘，2008．